Florian Rustler

Werkzeuge für großartige Meetings

Die Kunst, sinnvolle und produktive Besprechungen zu halten

1. Auflage

Haufe Group
Freiburg · München · Stuttgart

Bibliografische Information der Deutschen Nationalbibliothek

Die Deutsche Nationalbibliothek verzeichnet diese Publikation in der Deutschen Nationalbibliografie; detaillierte bibliografische Daten sind im Internet über http://dnb.dnb.de/ abrufbar.

Print:	ISBN 978-3-648-14866-2	Bestell-Nr. 10628-0001
ePub:	ISBN 978-3-648-14868-6	Bestell-Nr. 10628-0100
ePDF:	ISBN 978-3-648-14871-6	Bestell-Nr. 10628-0150

Florian Rustler
Werkzeuge für großartige Meetings
1. Auflage, Mai 2021

www.haufe.de
info@haufe.de

Bildnachweis (Cover): © Florian Rustler

Produktmanagement: Anne Rathgeber
Lektorat: Ulrich Leinz, Berlin

Inhaltsverzeichnis

1 Was wäre, wenn Meetings großartig wären?

Wenn ich mit Mitarbeitenden[1] einer Organisation spreche und sie frage, ob sie mit den Meetings zufrieden sind und ob sie gerne an Besprechungen teilnehmen, dann ist die Antwort meist nicht besonders positiv. Und obwohl sie unzufrieden sind, machen sie weiterhin das traurige Spiel mit. Viele scheinen eine fast fatalistische Haltung in punkto Besprechungen entwickelt zu haben. Meetings seien nun mal so, hört man dann, man müsse sich damit wohl abfinden. Aber kann das sein? Wollen wir Meetings und Besprechungen wirklich weiterhin so abhalten? Wohl wissend, wie emotional anstrengend, unproduktiv und menschlich unbefriedigend sie sind? Abfinden mit einer Routine, die wir oft als reine Zeitverschwendung empfinden?

Manche plädieren aufgrund solcher Erfahrungen dafür, Besprechungen einfach ganz abzuschaffen. Diese Auffassung kann ich allerdings nicht teilen. Ich meine, dass Meetings in einer arbeitsteiligen und hochkomplexen Wirtschaftswelt zu Recht einen Platz haben. Der direkte, zeitsynchrone Austausch zwischen den für ein Projekt relevanten Personen ist in vielen Fällen schlichtweg die effektivste Art und Weise, die anstehenden Themen zu bearbeiten und voranzukommen!

Neue Erfahrungen mache ich in meiner eigenen Praxis: Bei *creaffective*, dem selbstorganisierten Beratungsunternehmen, für das ich arbeite, haben wir bewusst unsere Meetingkultur verändert. Keine Frage, auch unsere Meetings sind oft anstrengend und fordernd, auch unsere Besprechungen sind auf der inhaltlichen Ebene nicht immer angenehm. Zudem hat die Corona-Krise unser Unternehmen hart getroffen, was die Besprechungen mittels Webtools meist nicht gerade einfacher und beglückender gemacht hat. Dennoch erlebe ich unsere Besprechungen fast immer positiv, ja sogar großartig! Woran mag das liegen?

Meiner Meinung nach liegt das auch daran, dass die Art und Weise, wie wir uns organisieren, für Unternehmen nach wie vor ungewöhnlich ist. Denn *creaffective* betrachtet sich als Reallabor, es wird experimentiert: mit neuen Arten des Arbeitens,

1 In dieser Publikation wird eine geschlechtergerechte Sprache verwendet. Dort, wo das nicht möglich ist oder die Lesbarkeit stark eingeschränkt würde, gelten die gewählten personenbezogenen Bezeichnungen für beide Geschlechter.

mit neuen Formaten und Praktiken der Organisation und der Zusammenarbeit. Ein fatalistisches »Das ist halt so, da kann man nichts ändern«, akzeptieren wir nicht. Wir wollen sowohl für uns selbst als auch für unser Unternehmen *großartige Meetings* machen.

Wie sieht das konkret aus? Was ist an unseren Meetings anders? Ein wichtiger Schritt ist: Wir bleiben nicht unter uns. Wir öffnen Meetings für Interessierte anderer Unternehmen und für Kunden. Wir laden dazu ein, beobachtend teilzunehmen! Von morgens an sind viele aus dem Kollegen- und Kundenkreis dabei, es gibt ein gemeinsames Mittagessen, schließlich eine kurze Feedbackrunde. Ich meine, dass das Feedback, das wir erhalten, uns Recht gibt: Die teilnehmenden Beobachter sind teils euphorisch, teils tief berührt. Ein Feedback, dass wir nach fast jeder Besprechung von den beobachtenden Teilnehmern erhalten, lautet: »Es ist erstaunlich, wie effizient und produktiv und gleichzeitig so menschlich und angenehm eure Meetings sind.«

Dem kann ich – aus eigenem Erleben – nur beipflichten! Ich bin davon überzeugt, dass Menschen Besprechungen als sinnvoll, angenehm, bereichernd und schlicht großartig empfinden können – und das auf verschiedenen Ebenen.

Ich bin aber auch davon überzeugt, dass das nicht einfach zufällig so passiert, dass Meetings großartig sind. Es braucht ein entsprechendes Bewusstsein der Teilnehmenden und eine gut überlegte Vorgehensweise.

> »Diese Welt jedoch, die Welt der menschlichen Interaktion und Beteiligung, können wir formen und verändern, um sie unseren Bedürfnissen anzupassen.«[2] (Baldwin & Linnea, The Circle Way, 6 %, Übersetzung aus dem Englischen durch den Autor)

Mit diesem Buch will ich Sie unterstützen, damit Ihre Meetings noch großartiger werden. Nachdem Sie in Kapitel 2 mehr zu den theoretischen und vor allem praktischen Erfahrungen finden, auf denen dieses Buch basiert, folgen grundlegende Überlegungen, was Besprechungen sind und warum großartige Besprechungen für den Erfolg

2 »This world, however, the world of human interaction and participation, is our world to mold and change to fit our needs.« (6 %, The Circle Way)

Ihres Unternehmens so wichtig sind (siehe Kapitel 3) Dann bietet Ihnen das Buch vier Checks, mit denen Sie den derzeitigen Status quo Ihrer Meetingkultur prüfen können (Kapitel 4). In Kapitel 5 betrachte ich die grundlegenden Phasen von Besprechungen und ihre Besonderheiten.

Es folgt der praktisch orientierte Teil, in dem Sie nachlesen können, warum es so wichtig ist, dass Sie sich über das Ziel der Besprechungen klar sind – und das zu jedem Ziel – bzw. zu jeder Ergebniskategorie – ein Meetingtyp passt (Kapitel 6). Ferner zeige ich Ihnen, welche Rollen und Aufgaben in Besprechungen vergeben werden sollten (Kapitel 7), welche Prinzipien alle Teilnehmenden eines Meetings – mehr und mehr – verinnerlichen sollten (Kapitel 8), dass Sie nur wenige Utensilien benötigen, diese dann aber auch wirklich immer zur Verfügung haben sollten (Kapitel 9) und schließlich: Mit welchen Werkzeugen (oder Besprechungsformaten) Sie Ihre zuvor gesetzten Ziele erreichen (Kapitel 10) – und auf diese Weise nebenbei und mit leichter Hand dazu beitragen, dass Meetings wieder als großartig erlebt werden können.

Viel Erfolg wünscht Ihnen

Florian Rustler

Hinweis
Bei allen Zitaten werden Sie eine Prozentangabe finden. Da die Seiten bei E-Books je nach Einstellung der Schriftgröße und des E-Readers variieren, ersetzt die Prozentzahl die Seitenangabe.

2 An wen richtet sich das Buch?

Meine Zielgruppe sind Sie!
Wer auch immer Sie sind, es freut mich, dass Sie das Buch in Händen halten und begonnen haben, darin zu blättern und zu lesen. Denn ganz grundsätzlich kann ich sagen, dass dieses Buch für jeden spannend ist, der regelmäßig an Besprechungen teilnimmt und diese (noch) gelungener machen möchte. Und auf wen trifft das etwa nicht zu?

Beruflich, privat oder familiär. Ob die Besprechungen, an denen Sie teilnehmen, in einem beruflichen, privaten oder familiären Umfeld stattfinden, spielt eigentlich keine Rolle. Denn auch wenn im Buch die Rede sein wird vom beruflichen Kontext: Viele der hier beschriebenen Vorgehensweisen sind in all diesen Kontexten anwendbar. Und sicherlich werden Sie die Vorgehensweisen sowieso anpassen, je nachdem, ob Sie mit Ihren Kolleginnen und Kollegen, einem Projektteam, im Verein oder in der Familie mit Ihren Kindern eine Besprechung haben. Auch ich verwende die Inhalte in allen drei Kontexten und immer ein klein bisschen anders.

Mein Hauptaugenmerk beim Schreiben lag auf der beruflichen Zusammenarbeit von Erwachsenen in einer Organisation. Das hat damit zu tun, dass meiner Meinung nach auch hier der Bedarf am größten ist.

Meine Zielgruppe »Berufliche Zusammenarbeit von Erwachsenen« teile ich in zwei Zielgruppenvertreter/-innen auf:

Zielgruppe 1: Menschen, die an Meetings teilnehmen, und zudem interessiert sind, diese Meetings zu verbessern.

Sie werden hier viele Inspirationen und praktische Möglichkeiten kennenlernen. Je nachdem, in welchem Kontext Sie sich befinden, können Sie viele der hier besprochenen Dinge entweder gleich ausprobieren oder Anregungen mitnehmen und Vorschläge zu gegebener Zeit einbringen.

Wenn Sie ein Vertreter dieser Zielgruppe 1 sind, dann berücksichtigen Sie bitte folgende zwei Aspekte: Sollte die Person, die maßgeblich die Besprechungen, an denen Sie teilnehmen, beeinflusst, eher mit Nelson Mandela vergleichbar sein, werden Sie viel gemeinsam ausprobieren können. Wenn sie jedoch eher Kim Yong Un ähnelt, dann können Sie lediglich taktisch subversiv vorgehen und hoffen, dass der Diktator bzw. die Diktatorin meint, dass Ihre subversiv eingebrachte Idee auf seinem/ihrem eigenen Mist gewachsen sei.

Zudem wird es einen Unterschied machen, ob Sie die Vorgehensweisen aus diesem Buch in Ihrem Team ausprobieren möchten – oder eine Hierarchieebene höher. Der jeweilige Rahmen wird Ihre Möglichkeiten deutlich beschränken oder eben auch offen für Neues sein. Ich empfehle Ihnen, zuerst in dem Rahmen zu experimentieren, in dem Sie sich wohlfühlen.

Zielgruppe 2: Menschen, die oft Meetings einberufen und die Möglichkeit haben, die Struktur und den Ablauf von Besprechungen aktiv zu gestalten bzw. zu beeinflussen

Also Moderatoren, Scrum Master, Führungskräfte, Projektleiterinnen, Nelson Mandelas und Kim Yong Uns. Sie können qua ihrer Rolle oder Position besonders viel Einfluss nehmen und schnell Experimente und Veränderungen initiieren. Ich gehe davon aus, dass Sie im Persönlichkeitsspektrum näher an Mandela als an Kim sind, sonst würden Sie dieses Buch vermutlich sowieso nicht lesen.

Sie werden aus diesem Buch besonders viele Möglichkeiten mitnehmen. Ich empfehle, mit einzelnen kleinen Experimenten zu starten und schrittweise weitere Veränderungen einzuführen.

Wie ich das Buch für Sie geschrieben habe

Einen starken Einfluss auf dieses Buch hat mein erstes Buch »Denkwerkzeuge der Kreativität und Innovation«. Es hat sich – selbstverständlich sehr zu meiner Freude – zu einem Long- und Bestseller entwickelt, weil es ganz auf die Praxis ausgerichtet ist, sofort anwendbare Vorgehensweisen liefert, und sich mit dem Buch Kreativ- und Innovationsprozesse spürbar verbessern lassen. Die einzelnen Kapitel sind kurz und knapp gehalten. So lang wie nötig, so kurz wie möglich. Das werde ich auch bei diesem Buch so halten.

Der zweite große Einfluss kommt aus der Kreativitätsforschung. Daher stammen die grundlegenden Erkenntnisse, wie kreative Prozesse in Gruppen funktionieren, wie man sie bewusst steuert und unterstützt. Das ist für unser Thema sehr wichtig, denn bei vielen Besprechungen handelt es sich um einen (ko-)kreativen Prozess! Eine

Gruppe von Menschen versucht gemeinsam, neue Lösungen auf eine Fragestellung zu erarbeiten.

Warum der Einfluss so wichtig ist, kann ich hier nur andeuten: Aus der Forschung stammt ein zentrales Prinzip der systematischen Kreativität: die bewusste Trennung zwischen der *Entwicklung* von Optionen und der *Bewertung* der Optionen. Dieses Prinzip finden Sie bei den Prinzipien für Besprechungen (siehe Kapitel 8.5) wieder, darüber hinaus aber auch beim Prozessmodell der Kreativität (siehe Kapitel 10.6).

Der Einfluss meiner Erfahrung und Praxis

Das Buch hat ein Praktiker für Praktiker und Praktikerinnen geschrieben – Meetings in ihren vielfältigsten Formen sind ein fester Bestandteil meines (Berufs-)Lebens. Ein Schwerpunkt unserer Arbeit bei *creaffective* sind selbstorganisierte und dezentrale Organisationsformen: Selbstorganisierte Teams und Organisationen können und sollen ohne Einfluss von außen – bzw. von oben, wie in den meisten Organisationen – ihre Arbeit strukturieren, organisieren und durchführen.

Selbstorganisation verändert die Dynamik von Besprechungen und führt dazu, dass Dinge wie Konfliktlösung und Feedback sowie wertschätzende Kommunikation erheblich an Bedeutung gewinnen.

Viele der hier im Buch vorgestellten Vorgehensweisen sind für selbstorganisierte Teams meiner Meinung nach essenziell, können aber auch für klassische Kontexte Mehrwert bringen.

Spezifisch im Kontext agiler Organisation und Selbstorganisation gibt es den Ansatz Sociocracy 3.0, ein prinzipienbasiertes Menü an Interaktionsmustern, das Organisationen unterstützt, dynamische, menschliche und effektive Zusammenarbeit zu organisieren und zu gestalten. Dabei gibt es auch spezifische Muster für Zusammenarbeit, von welchen sich einige in diesem Buch finden werden.

Wir setzen sehr viele der in Sociocracy 3.0 beschriebenen Interaktionsmuster in unserer Arbeit ein und sind seit Jahren im engen Kontakt und Partnerschaft mit den Entwicklern des Ansatzes. Mein Vorgehen, Prinzipien, Konzepte und Praktiken zu unterscheiden und klare Formate zu benennen, speist sich sehr stark aus meinen Erfahrungen mit und dem Weitergeben und Vermitteln von Sociocracy 3.0. Diese Logik findet sich auch in diesem Buch wieder.

Wie bereits erwähnt, ist *creaffective* ein Reallabor für neues Arbeiten. Das heißt, wir sind kontinuierlich am Experimentieren, Ausprobieren und Weiterentwickeln von Methoden und Vorgehensweisen, um Zusammenarbeit in Organisationen zu gestalten. Dadurch, dass wir diese Kultur des bewussten Ausprobierens haben, konnte ich in den letzten Jahren viel praktische Erfahrungen sammeln. Die Ergebnisse unserer Versuche sind dann in Form von neuen Experimenten in Beratungsmandate bei der Kundschaft eingeflossen.

Aufgrund meiner Rolle bei der Kundschaft bin ich außerdem meist in der Situation, dass ich Besprechungen moderiere. Dadurch habe ich in meinem Leben viele Besprechungen in vielen Organisationen und Organisationskulturen erleben dürfen und habe nun eine gewisse Erfahrung darin, was wann funktionieren könnte. Im Unterschied zu den anderen Meeting-Teilnehmenden ist es mein Job, mich oft auf die Meta-Ebene zu begeben und mir über die Struktur und den Prozess an sich Gedanken zu machen. Ich beobachte und entwickle somit regelmäßig Besprechungsformate für bestimmte Zwecke. Diese »street credibility« ist damit ein weiterer wichtiger Einfluss auf dieses Buch und die hier beschriebenen Vorgehensweisen und Vorschläge.

3 Warum Meetings für den Erfolg so wichtig sind

Meetings sind in modernen Unternehmen der Kommunikations- und Entscheidungshotspot – mit einer großen (positiven oder negativen) Wirkung auf das gesamte Unternehmen.

Oft erlebe ich in Unternehmen jedoch, dass Besprechungen eher als eine schmerzende Stelle in der Organisation wahrgenommen werden. Diese Stelle benötigt viel Zeit und wird hinsichtlich der Ergebnisse oft als unbefriedigend empfunden. Sieht man das positiv, so zeigt sich hier ein immenses Verbesserungspotenzial.

Die Folgerung daraus will ich nochmals hervorheben: Wir dürfen Meetings nicht einfach so hinnehmen, wie sie sind. Wir können sie aktiv verändern und gestalten!

Eine positive Meetingkultur mit sinnvollen Praktiken – das erleben wir bei uns selbst und auch in Beratungsprojekten bei Kundinnen und Kunden – hat einen großen Einfluss darauf, wie Arbeit in der Organisation erlebt wird und wie erfolgreich eine Organisation ist. Freilich sind Besprechungen komplexe Gebilde und ihr Gelingen wird durch Faktoren wie den teilnehmenden Personen, der Unternehmenskultur, der Branche sowie der Landeskultur beeinflusst. Es entsteht eine Eigendynamik, Ungewissheit und damit Komplexität. Zwar kann ich für komplexe Situationen keine Best-Practice-Beispiele geben, die direkt übernommen werden könnten. Ich kann jedoch in diesem Buch Werkzeuge vorstellen, die auf wichtigen Prinzipien beruhen und sich in vielen Situation bewährt haben. Diese können Ihnen als Inspiration dienen, um damit zu experimentieren und an Ihren Kontext anzupassen. Ich hoffe, dass Sie mit der entsprechenden Experimentierfreude und offenen Haltung ans Ausprobieren gehen können. Lassen Sie uns gemeinsam entdecken und erkunden, wie es gelingen kann!

3.1 Argument 1: Entwicklung organisationaler Intelligenz

Betrachtet man Organisationen als ein komplexes System von Kommunikationen und Entscheidungen, dann sind Meetings die Brennpunkte der Organisationen. Die Arbeit in den Meetings und Besprechungen prägt die Organisation, nicht nur dadurch, was kommuniziert wird, welche Entscheidungen getroffen und Pläne entwickelt werden. Die Meetings und Besprechungen prägen Organisationen ebenso darüber, wie kommuniziert, entschieden und geplant wird. Auf diese Weise wird aus dem Brennpunkt der Organisation die zentrale Institution, um organisationale Intelligenz zu formen und zu entwickeln.

Der US-amerikanische Mathematiker und Kreativitätsforscher David Perkins schreibt dazu:

> »Wie intelligent eine Organisation oder Gemeinschaft ist, spiegelt sich in der Art von Gesprächen wider, die Menschen miteinander führen [...]. Ohne diese Gespräche haben Sie nur einen Haufen von Leuten, die Dinge parallel tun. Mit diesen Gesprächen hat man – je nach Qualität der Gespräche – eine Gruppe, die klug oder nicht so klug, flexibel oder starr, innovativ oder verschlossen, systematisch oder chaotisch, angenehm oder deprimierend ist.«[3] (Perkins, King Arthur's round table, 11 %; Übersetzung aus dem Englischen durch den Autor)

3.2 Argument 2: Meetings sind kulturbildend

Sie würden dieses Buch wahrscheinlich nicht in Händen halten, wenn Sie nicht sowieso nach den besten und wirksamsten Möglichkeiten, Meetings wieder großartig zu machen, suchen würden. Aber lassen Sie uns dennoch diese Frage stellen und ihr nachgehen: Warum sollten Sie die Art und Weise, wie Besprechungen in Ihrem Unternehmen geführt werden, verbessern wollen? Warum die Meetingkultur auf den Prüfstand stellen? Die Antwort auf die Frage lautet:

Besprechungen sind ein Ausdruck der vorherrschenden Organisationskultur. Meetings sind wie ein Usability-Test für Organisationen. An den Meetings lässt sich ablesen, wie gut eine Organisation funktioniert und wo es hakt. Umgekehrt prägen Meetings ihrerseits die Kultur.

---

3 »How smart an organization or community is reflects the kinds of conversations that people have with one another [...]. Without those conversations, you just have a bunch of people doing things in parallel. With those conversations, you have-well, depending on the quality of the conversations, you have a group smart or not so smart, flexible or rigid, innovative or hidebound, systematic or chaotic, enjoyable or depressing.« (11 %, King Arthur's round table)

Wer die Unternehmenskultur schrittweise verändern will, setzt am einfachsten bei den Meetings an. Denn wer bessere Meetings durchführt, verbessert eben nicht alleine die Meetings, sondern die Kultur in der gesamten Organisation.

Es ist also gut zu wissen, dass sich die Qualität von Besprechungen bewusst zum Positiven verändern lässt. Einfacher wird es damit aber trotzdem nicht. Es lohnt sich jedoch, daran zu arbeiten. Gute Besprechungen verändern nicht nur die Organisationskultur, gute Besprechungsergebnisse, die aus produktiven Meetings entstehen, verbessern die gesamte Organisation und damit längerfristig die Überlebensfähigkeit einer Organisation.

Dieses Buch gibt Ihnen Werkzeuge an die Hand, die Sie konkret ausprobieren können. Diese Werkzeuge helfen Ihnen, Ihre Besprechungen – egal in welchem Kontext – weiter zu verbessern. Ich arbeite hauptsächlich in Deutschland und im Großraum China, oft in internationalen Settings, und habe daher eine gewisse Erfahrung in und mit anderen Kulturen. Die hier vorgestellten Ansätze bilden eine gute Basis und können in vielen Kulturen funktionieren. Nichtsdestotrotz empfehle ich nach einer ersten Experimentierphase, Anpassungen für Ihren Kontext vorzunehmen bzw. den speziellen Kulturaspekt vorab im Blick zu haben.

3.3 Definition: Was ist eigentlich eine Besprechung?

Unter einer Besprechung wird in diesem Buch eine Zusammenkunft von mindestens zwei Menschen in einem organisationalen Rahmen mit einem bestimmten organisationsrelevanten Zweck definiert. In dieser Zusammenkunft treten die teilnehmenden Menschen mindestens in eine mündliche Interaktion und somit in eine Form der Zusammenarbeit ein. Diese Menschen werden gebraucht, um den Zweck der Besprechung zu erfüllen. Der Zweck dient oft auch dem Erreichen eines Ziels der Organisation.

Zwecke können sein: Informationen austauschen, sich Feedback geben, Probleme lösen oder Entscheidungen treffen.

Ziele können sein: eine neue Marketingkampagne entwickeln oder eine Prozessveränderung zu starten.

Für meine Definition ist es dabei irrelevant, ob diese Besprechung persönlich in einem physischen Raum oder einem virtuellen Raum stattfindet.

Warum überhaupt Besprechungen?
In einer arbeitsteiligen Gesellschaft, besonders in Organisationen, arbeiten viele Menschen zusammen, um einen Kundennutzen zu generieren. Ein Mensch alleine ist kaum in der Lage, diesen Nutzen zu schaffen und selbst an den Kunden zu bringen. Die beteiligten Menschen arbeiten zusammen und stimmen sich ab und tauschen sich aus. Im Verlauf ist es gelegentlich sinnvoll, die Zusammenarbeit in Form von Besprechungen zu organisieren. Wenn Menschen in einer Organisation über einen längeren Zeitraum kontinuierlich zusammenarbeiten, macht es wiederum Sinn, regelmäßig über die Zusammenarbeit an sich zu sprechen, unabhängig vom konkreten Inhalt der Zusammenarbeit.

Ist »Besprechung« das passende Format?
Anlässe für Besprechungen gibt es zwar viele, das heißt jedoch nicht, dass das Format Besprechung immer das geeignete Format ist, um Zusammenarbeit zu organisieren. Manchmal kann es effektiver sein, eine E-Mail zu schreiben oder sich über eine Online-Kollaborationsplattform wie Slack oder Teams zu organisieren und zu koordinieren.

Mein Tipp ist: Wenn Sie ohne Besprechung auskommen, dann sollten Sie keine Besprechung einberufen. Mit Online-Kollaborationsplattformen lassen sich viele Inhalte, die früher in Besprechungen diskutiert wurden, online und asynchron bearbeiten. Damit ist dann alles dokumentiert und eine Besprechung dazu nicht mehr notwendig. Wenn es also möglich und sinnvoll ist, ein Meeting zu vermeiden, sollten Sie es tun.

Je komplexer ein Thema, je unklarer die Datenlage und je relevanter eine direkte persönliche Interaktion ist, desto eher sollten Sie eine Besprechung einberufen. Ich habe selbst erlebt, dass wir als Dienstleister zusammen mit einem Ansprechpartner eines deutschen Kundenunternehmens in China versucht haben, ein Problem im Bezahlprozess unserer Rechnungen per E-Mail-Kommunikation zu klären. Spätestens als eine zweite Ansprechperson aus einer ebenfalls involvierten Abteilung hinzugezogen werden musste, war klar, dass wir das Problem mit weiteren Mails nicht werden lösen können. Wir mussten uns besprechen und viele Informationen im Gespräch austauschen, um eine Lösung zu finden.

Wenn ich manchmal also lese, dass ausgefuchste Mitglieder des Managements Besprechungen grundsätzlich nicht mehr stattfinden lassen möchten, dann ist diese Radikallösung für mich zu viel des Guten. Gleichzeitig erkenne ich an, dass es in den meisten Unternehmen nicht das Problem darstellt, dass zu wenige Besprechungen stattfinden.

Workshops sind eine besondere Form der Problemlöse-Besprechung. Themen, die mithilfe eines Workshops bearbeitet werden, sind meist relativ komplex und die Bearbeitung nimmt mehr Zeit in Anspruch, als eine normale Besprechung bietet. Wir zum Beispiel moderieren häufig Strategie- und Innovationsworkshops. Diese dauern mindestens einen halben Tag, meist ein bis zwei Tage und manchmal, zum Beispiel bei Design Sprints, auch fünf Tage.

Workshops sind außerdem stärker methodisch unterstützt als viele Besprechungen. Manchmal ist der Übergang, was wir als Besprechung bezeichnen und was als Workshop, fließend. Workshops haben immer eine Facilitatorin oder einen Prozessmoderator. Bei Besprechungen ist es hingegen in vielen Unternehmen nicht üblich, einen Moderator einzusetzen. Vorab: Ich rate dazu, die Rolle des Moderators bzw. der Moderatorin in jeder Form der Besprechung zu etablieren (mehr dazu in Kapitel 7.2). Auf Workshops werde ich im Kontext des Buches nicht weiter eingehen, Sie finden aber im Anhang eine kurze Ausführung zu dem Thema.

4 Analyse: Den Status quo der Besprechungen prüfen

4.1 Was bei Besprechungen häufig nicht gut läuft

Was sind eigentlich gute, was sind schlechte Besprechungen? Und was sind die Kriterien dafür? Diese Fragen habe ich auch meinem Netzwerk gestellt. Ich hatte um Rückmeldung gebeten, sowohl aus Teilnehmer- als auch aus Leitungsperspektive.

Die Gründe, warum Besprechungen als negativ empfunden werden, lassen sich in unterschiedliche Kategorien einteilen:

Ungenügende Vorbereitung: Ob eine Besprechung gut wird, entscheidet sich nicht nur in der Besprechung selbst, sondern bereits davor. Die meisten Besprechungsformate bedürfen einer Vorbereitung, einerseits von den Teilnehmenden (inhaltlicher Art) und von den Besprechungsmoderatoren (methodischer Art).

Räumliche Situation: Eine Besprechung kann auch daran scheitern, dass es keine angemessene räumliche oder virtuelle Umgebung gibt, in der sich die Teilnehmenden ausreichend wohlfühlen sowie sinnvolles und produktives Arbeiten möglich ist. Gerade im virtuellen Kontext sind während der Corona-Krise viele Fortschritte gemacht worden, dennoch kommt es auch immer noch vor, dass die ersten 15 Minuten der Besprechung dafür draufgehen, die Technik bei allen Teilnehmenden zum Laufen zu bekommen.

Soziale Faktoren: Hierunter fallen unterschiedliche Aspekte, die mit dem Verhalten von Menschen zu tun haben. Unterschiedliche Menschen haben unterschiedliche Persönlichkeiten und können je nach Ausprägung Besprechungen unterstützen oder erschweren. Hier kann eine gute Moderatorin die Vielredner, Dampfplauderinnen, Wichtigtuer und Narzisstinnen dazu bringen, sich etwas zurückzunehmen und die Schüchternen und Introvertierten behutsam zum Reden bringen.

Eine wichtige Rolle kommt dem Klima in der Gruppe zu. Schwelende oder ungelöste Konflikte beeinflussen die Atmosphäre in der Besprechung und können dafür sorgen, dass ein Meeting schlecht läuft. Auch sprachliche oder kulturelle Barrieren in einem internationalen Kontext fallen hierunter.

Mentale Faktoren: Dazu gehören Denkweisen und -prozesse der Teilnehmenden. Oft ist zu lesen, dass Diversität und vor allem auch mentale Diversität im Unternehmen von Vorteil sei. Wenn Menschen aus unterschiedlichen Blickrichtungen und mit verschiedenen Denkweisen auf ein Thema schauen würden, erhöhe das die Wahrscheinlichkeit, gute Lösungen zu finden – vorausgesetzt, die Unterschiede können produktiv genutzt werden. Ich habe jedoch mehrfach erlebt, dass die Denkweisen von Menschen so unterschiedlich sind, dass es schwerfällt, überhaupt ein gegenseitiges Verständnis zu schaffen. Der Prozess ist zeitintensiv und manchmal frustrierend, weil »der andere es einfach nicht verstehen will«.

Das Gegenteil ist natürlich auch möglich: Die Teilnehmenden ähneln sich zu sehr und es kommt zu sogenanntem Group Think, mit dem Ergebnis, dass Alternativen erst gar nicht erkundet werden. Das führt aufgrund der blinden Flecke und der nicht berücksichtigten wichtigen Faktoren außerhalb des gedanklichen Horizonts der Gruppe zu schlechten Entscheidungen.

Die Sprunghaftigkeit des menschlichen Geistes ist ein weiterer Aspekt, der den mentalen Faktoren zugehört: Wir sind assoziationsgetriebene Wesen und kommen gedanklich schnell von Stöckchen auf Steinchen. Wenn wir diesem Impuls immer nachgeben, sind wir bereits nach wenigen Minuten thematisch ganz woanders – oder haben uns in einer irrelevanten Detaildiskussion verheddert.

Diese mentalen Muster können die Gruppendynamik beeinflussen und zu einer hinsichtlich Zufriedenheit und Produktivität ungünstigen Entwicklung in einer Besprechung führen.

Methodische Faktoren: Es ist bisher nicht sehr weit verbreitet, aber sich über eine dem Zweck der Besprechung angemessenen Methodik Gedanken zu machen, ist ein wichtiger Schritt. Wenn es ein methodisches Vorgehen gibt, ist das schon einmal gut und erhöht die Wahrscheinlichkeit, dass die Besprechung erfolgreich ist. Aber eine Methode kann auch dazu führen, dass die Teilnehmenden die Besprechung negativ wahrnehmen. Geht es zum Beispiel in der Besprechung darum, einen Text zu formulieren, wäre es gut, wenn zwei Personen bis zum nächsten Treffen einen Vorschlag vorbereiten würden. Sollte die Methode darin bestehen, dass die gesamte Gruppe direkt im Meeting den Text formuliert, wird das in den meisten Fällen garantiert für Frust bei allen Beteiligten sorgen.

Inhaltliche Faktoren: Manchmal liegt es auch schlicht am Thema, dass die Qualität der Besprechung leidet. Entweder ist das Thema an sich sehr herausfordernd und komplex, oder das Problem ist eigentlich nicht oder nur schwer lösbar. Teilnehmende sind dann häufig unzufrieden, selbst wenn alle anderen Faktoren, die die eine Besprechung beeinflussen, stimmen sollten. Das Meeting wird insgesamt als unbefriedigend empfunden.

Unklarheit von Zuständigkeiten und Aufgaben: Schließlich ist ein häufiges Problem in Organisationen die mangelnde Klarheit hinsichtlich Rollen und Zuständigkeiten. Diese Unklarheit spiegelt sich in den Besprechungen wider, die selbst unklar werden. Letztendlich kann dieser Zustand dazu führen, dass man ständig neue Besprechungen einberufen muss, weil nicht geregelt ist, wer für was zuständig ist.

Fazit: Es gibt etliche Faktoren, die die Qualität einer Besprechung beeinflussen können. Die gute Nachricht ist, dass Sie die meisten dieser Faktoren Ihrerseits beeinflussen können. Das beginnt damit, eine Besprechung vom Zweck der Besprechung her zu denken und dafür hilfreiche Meetingpraktiken einzusetzen. Diese werde ich im Verlauf des Buches konkret erklären.

4.2 Check 1: Die zentrale Voraussetzung

Es gibt eine zentrale Voraussetzung, über die wir uns klar sein müssen, bevor wir das Thema »Besprechungen« vertiefen und zu den konkreten Fragestellungen der Umsetzung und der Vorgehensweisen kommen. Diese eine Voraussetzung ist zudem von grundlegender Bedeutung für alle folgenden, in diesem Buch vorgestellten Prinzipien, Werkzeuge und Vorgehensweisen. Die Voraussetzung lautet:

Die an der Besprechung beteiligten Personen wollen grundsätzlich zusammenarbeiten.

Wahrscheinlich können Sie, wie viele meiner Leser und Leserinnen auch, sofort sagen, dass Sie dieser Voraussetzung zustimmen. Und wahrscheinlich können Sie auch darüber hinaus, ebenfalls wie viele andere Lesende, für Ihre Organisation sagen, dass die Voraussetzung zutrifft. Wenn dem so ist, dann können Sie bei diesem Check schon einen Haken machen – und Sie könnten gleich zum nächsten Abschnitt gehen.

Sie können aber auch noch meiner Erläuterung folgen, warum ich es für so wichtig halte, dieses Grundannahme herauszustellen und sie auch explizit zu formulieren.

Denn es gibt die Fälle tatsächlich, dass die an Besprechungen Beteiligten *nicht* grundsätzlich kooperieren möchten. Eine Gruppe von Führungskräften hatte das auch einmal unumwunden ausgesprochen und ergänzt, so ging es bei ihnen in der Organisation schon seit Jahren. Wenn Sie meinen, dass die Situation bei Ihnen ähnlich ist wie in dieser Organisation, dann werden die weiteren im Buch vorgestellten Prinzipien, Werkzeuge und Vorgehensweisen wenig ausrichten können. Daher ist es so wichtig, zu verstehen, dass das »Grundsätzlich-zusammenarbeiten-wollen« die *Grundvoraussetzung* ist, damit Meetings und Besprechungen großartig werden können.

Für den Fall, dass die Voraussetzung in Ihrer Organisation nicht erfüllt wird: Was fangen Sie jetzt mit dieser Information an? Prüfen Sie nach Ihrer ersten Einschätzung nochmals genauer, wie bei Ihnen die Situation in der Organisation ist. Fragen Sie Kollegen und Kolleginnen nach ihrer Meinung zu dieser Frage. Werden Besprechungen durchgeführt, bei denen die daran Beteiligten noch nicht mal ein bisschen Interesse an einer Zusammenarbeit mit den anderen Beteiligten zeigen? Wenn Sie zu der Einschätzung kommen, dass dem so ist, dann werden Sie zunächst einmal mit Ihrem Kollegenkreis daran arbeiten müssen, dass diese Grundvoraussetzung erfüllt wird. Hier gilt es dann herauszufinden, warum die Grundvoraussetzung nicht erfüllt ist. Sind es eher organisatorisch-strukturelle Ursachen? Gibt die Organisation womöglich unterschiedlichen Beteiligten sich ausschließende oder konkurrierende Ziele vor? Oder liegt der Hund eher im Zwischenmenschlichen begraben und sind z. B. zwei der Beteiligten sich spinnefeind? Je nachdem, wo die Ursache liegt, müssten Sie dann schauen, welche Maßnahmen Ihnen helfen können.

4.3 Check 2: Progressive und regressive Interaktionen

Wenn Sie Check 1 geprüft haben und die Situation für gut befunden haben, kommen Sie zu Check 2. Das Thema lautet: Interaktion in den Besprechungen, die Sie verbessern wollen. Und die Frage dazu: Wie ist diese Interaktion ausgeformt?

Smarte Prozesse und smarte Leute

Klar ist, menschliche Zusammenkünfte können sehr gut, gut oder auch weniger gut funktionieren. Um das besser einschätzen zu können, benötigen wir konstruktive Kriterien. Dazu ziehen wir wieder den bereits zuvor genannten David Perkins zu Rate, der dazu zwei englische Begriffe bereithält: »process smart« und »people smart«. Was bedeuten diese beiden Begriffe bezogen auf unser Thema?

Prozess-smart: Das heißt, Besprechungen so zu gestalten, dass die eingesetzten Prozesse und Methoden dem Zweck und dem Ziel der Besprechung angemessen sind.

Personen-smart: Bei Besprechungen gilt es, menschliche Eigenschaften und Eigenheiten so zu berücksichtigen und zu kanalisieren, dass insgesamt gute Ergebnisse herauskommen und die Menschen mit einem guten Gefühl aus der Besprechung gehen.

Progressive Interaktionen

Wenn eine Interaktion hinsichtlich Prozess und/oder Menschen positiv ist, dann ist die Interaktion zugleich progressiv. Es werden Fortschritte erzielt.

Großartige Besprechungen sind dominiert von progressiven Interaktionen:

> »Prozess-smart bedeutet, dass progressive Interaktionen Informationen und Ideen auf eine Weise austauschen, die kluge Entscheidungen, gute Lösungen und weitsichtige Pläne fördert. Personen-smart bedeutet, dass progressive Interaktionen den Zusammenhalt der Gruppe fördern, so dass die Menschen ein gutes Gefühl bei der Zusammenarbeit haben und sich darauf freuen, mehr gemeinsam zu tun.«[4] (King Arthur's round table, 13 %; Übersetzung aus dem Englischen durch den Autor)

Dabei ist Zusammenhalt in der Gruppe kein Selbstzweck. Es geht nicht nur darum, dass die Menschen mit einem warmen Gefühl aus der Besprechung gehen. Entlang

4 »Process smart means that progressive interactions exchange information and ideas in ways that foster astute decisions, good solutions, and far-seeing plans. People smart means that progressive interactions foster the cohesiveness of the group, leaving people feeling good about working together and looking forward to doing more together. « (Perkins, 13 %)

der Kriterien smarte Prozesse und smarte Leute sind gestaltete und durchgeführte Besprechungen in der Tat auch gut für die Überlebensfähigkeit der gesamten Organisation:

> »Das besagt, dass das Denken in einem Kollektiv verteilt ist und auf verschiedene Arten kombiniert wird. Es besagt, dass, wenn Menschen auf progressiven Arten interagieren, ein intelligenteres Gruppenverhalten im Kollektiv entsteht. Es geht nicht nur darum, dass die einzelne Konversation intelligenter ist. Die größeren, längerfristigen Ergebnisse sind wahrscheinlich ebenfalls intelligenter.«[5] (Perkins, King Arthur's round table, 48 %; Übersetzung aus dem Englischen durch den Autor)

Regressive Interaktionen
Im Gegensatz dazu stehen die regressiven Interaktionen. Hier werden Rückschritte zum bereits erreichten Prozessstatus vollzogen, die dem Zusammenhalt in der Gruppe wenig förderlich sind:

> »Per Definition sind regressive Interaktionen vom Standpunkt des Prozesses und der Menschen aus gesehen ineffektiv. Was den Prozess betrifft, werden bei regressiven Interaktionen Informationen und Ideen auf enge, verworrene und zurückhaltende Weise ausgetauscht. Wichtige Informationen gehen verloren. Pläne sind weniger informiert, als sie sein könnten; Entscheidungen sind einseitig. Was die Menschen betrifft, stellen regressive Interaktionen eine Art Zentrifugalkraft dar, die Menschen durch Unzufriedenheit, Rivalitäten und fehlende Visionen eher auseinandertreibt, als dass sie Menschen zusammenbringt.«[6] (Perkins, King Arthur's round table, 13 %; Übersetzung aus dem Englischen durch den Autor)

---

5 »This says that cognition in a collective is distributed-parceled out and combined in various ways. It says that when people interact in progressive styles, more intelligent group behavior emerges in the collective. It's not merely that the particular conversation is more intelligent. The larger-scale longer-term results are likely to be more intelligent, too.« (Perkins, 48 %)

6 »By definition, regressive interactions are ineffective from the standpoints of process and people. As to process, regressive interactions exchange information and ideas in narrow, confused, and cautious ways. Key information gets lost. Plans are less informed than they might be; decisions are lopsided. As to people, regressive interactions constitute a kind of centrifugal force, pushing people apart through dissatisfactions, rivalries, and lack of vision more than they pull people together.« (Perkins 13 %)

4.4 Check 3: Den HIPPO-Effekt erkennen und neue Strukturen aufbauen

Ein Fall, der häufig in Besprechungen entsteht und der dafür sorgen kann, dass die Interaktionen regressiv werden, ist der Wirkung von und der Umgang mit Hierarchie geschuldet.

In vielen Organisationen gibt es den sogenannten HIPPO-Effekt. Das Akronym HIPPO steht für »highest paid person's opinion«: Die Meinung der bzw. des Ranghöchsten, die oder der meist das höchste Gehalt bezieht, ist die ausschlaggebende Meinung. Alle anderen richten ihre Meinung an der des HIPPO aus. Tritt dieser Effekt ein, reduziert sich die Wahrscheinlichkeit dramatisch, dass Vielfalt und Intelligenz der anderen Besprechungsteilnehmer genutzt werden. Die Chancen, dass gute Ergebnisse entwickelt werden, stehen schlecht. Stattdessen ebbt das Interesse an einer fruchtbaren Diskussion ab. Dass es so weit kommt, hat mit der in der Organisation vorherrschenden Kultur zu tun – und auch mit dem Stil der Person, die das höchste Gehalt bezieht.

Der HIPPO-Effekt ist tunlichst zu vermeiden, wenn wir großartige Besprechungen mit guten Ergebnissen haben möchten, die gut für die Zukunft der Organisation sind.

Gefährlich ist der HIPPO-Effekt auch deswegen, weil hierbei der oder die Entscheiderin vermutlich gar kein Problem darin sieht, dass der Effekt auftritt und dies alles für ganz normal hält oder der Effekt aus seiner Sicht nur noch einmal beweist, dass er oder sie die Entscheidung auch treffen muss, weil die Untergebenen dazu sowieso nicht in der Lage sind. Eine sich selbst erfüllende Prophezeiung.

Versucht man gegen diese Struktur vorzugehen, gewinnen manche HIPPOs vielleicht den Eindruck, dass eine Basisdemokratie eingeführt werden soll, oder schlimmer, bald Anarchie herrsche. (Beides muss übrigens, wenn man von der ursprünglichen Bedeutung der Wörter kommt, nicht schlecht sein, im Gegenteil.) Die Befürchtungen vor einer veränderten Situation kann ich sogar nachvollziehen. Denn Besprechungen in einer größeren Gruppe, ohne dass diese Gruppe bereits eine Meetingkultur mit smarten Prozessen und progressiven Interaktionen entwickeln konnte, sind häufig anstrengend! Die Ergebnisse sind in der Tat oft schlechter als die, für die nur eine Person – der HIPPO – verantwortlich ist. Hier gilt dann: Zu viele Köche verderben den Brei. Aber es gilt ja auch: Aller Anfang ist schwer!

Meiner Erfahrung nach ist der HIPPO-Effekt auch und vor allem eine methodische Herausforderung – und kann damit gelöst werden. Gibt es jedoch in Gruppen, wie ich das oft erlebt habe, gar kein Bewusstsein dafür, dass es so etwas wie eine Besprechungsmethodik geben kann, dann ist es nicht leicht, einen Ansatz zur Verbesserung zu finden. Fehlt das methodische Know-how, weiß eine Gruppe nicht, wie sie die Besprechung sinnvoll strukturiert, wabert die Diskussion in der Gruppe hin und her, so führt das oft und verständlicherweise dazu, dass die Gruppe sich einen Entscheider wünscht (siehe folgendes Kapitel 4.5, Check 4).

4.5 Check 4: Hierarchie oder Gleichberechtigung

Aus dem vorhergehenden Check übernehmen wir das Thema der Hierarchie. Das Thema ist aber weiter, als es der HIPPO-Effekt nahelegt. Es gibt wie so oft nicht nur schwarz oder weiß, sondern es gibt Zwischenstufen.

Um das spannende Thema Hierarchie weiter zu verstehen, gehen wir auf ein Verständnis ein, dass die beiden Gründerinnen eines Bildungsunternehmens namens Peer-Spirit, Christina Baldwin und Ann Linnea, entwickelt haben (Baldwin & Linnea, The Circle Way). Im Zentrum dieses Verständnisses stehen der Kreis und das Dreieck, als Symbole für unterschiedliche hierarchische Strukturen.

Baldwin und Linnea unterscheiden hinsichtlich der Hierarchie vier Abstufungen von Zusammenkünften.

Abb. 1: Komplett gleichwertig, gleichwertig mit hierarchischem Element, hierarchisch mit offenem Prozess, komplett hierarchisch

Kreis: Die einzelnen Gruppenmitglieder sind in einer Besprechung komplett gleichwertig. Entscheidungen werden gemeinsam getroffen (siehe auch: Kapitel 10.7 und

10.8 zum Thema Entscheidungsfindung). Dieser Stil wird repräsentiert durch den Kreis.

Kreis mit einem Dreieck in der Mitte: Die Teilnehmenden der Besprechung sind gleichwertig, agieren auf gleicher Augenhöhe. Doch es gibt ein hierarchisches Element. Eine Person kann etwas mehr Gewicht haben, wenn es darum geht, eine Entscheidung zu treffen. Sie kann aber kaum eine Entscheidung gegen die Gruppe durchsetzen.

Dreieck mit einem Kreis in der Mitte: Von Beginn an ist klar, dass nur bestimmte Personen eine Entscheidung treffen werden. Dennoch ist der Prozess offen und bezieht Vielfalt mit ein.

Dreieck: Das hierarchische Extrem ist visualisiert durch das Dreieck. Hier konzentriert sich alles auf die mächtige, hierarchisch oben stehende Person. Achtung: Ein HIPPO-Effekt ist sehr wahrscheinlich (siehe oben, Kapitel 4.4, Check 3). Die im Buch beschriebenen Prinzipien, Werkzeuge und Vorgehensweisen sind nicht geeignet für eine hierarchische Situation, wie sie durch das Dreieck symbolisiert wird.

Die Symbole Kreis und Pyramide sind dabei nicht zufällig gewählt. Sie repräsentieren die gelebten Machtverhältnisse in einer Gruppe und sind visuell in Besprechungen sichtbar.

Achtung: Die im Buch beschriebenen Vorgehensweisen sind geeignet, in Situationen eingesetzt zu werden, für die die drei Symbole Kreis, Kreis mit Dreieck, Dreieck mit Kreis stehen.

5 Überblick: Die drei Phasen wirksamer Besprechungen

Besprechungen lassen sich hinsichtlich des Ablaufs ganz klassisch in drei Abschnitte aufteilen: Vorbereitung, Durchführung und Nachbereitung.

Alle drei Abschnitte sind relevant für den Erfolg und die Wirksamkeit von Besprechungen. Der Schwerpunkt des Buches liegt auf der Durchführung. Ich möchte jedoch ein Bewusstsein dafür schaffen, dass eine gute Durchführung alleine nicht ausreicht, um ein großartiges Meeting zu schaffen.

5.1 Phase 1: Vorbereitung

Je nach Zweck und Meetingformat ist die Vorbereitung mehr oder weniger relevant. Es gibt Besprechungsformate, die kaum vorbereitet werden müssen, wie zum Beispiel Stand-up- oder Tactical Meetings (siehe Kapitel 10.3 und 10.4). Bei diesen Formaten starten die Teilnehmenden direkt in die Besprechung – die Themen finden sich dann erst.

Für andere Zwecke und Formate braucht es eine intensive Vorbereitung, sowohl von Seiten des Moderators und anderer unterstützender Rollen als auch teilweise von den Teilnehmenden.

Was beinhaltet die Vorbereitung? Das kommt immer auf Format und Zweck an. Folgende Elemente können eine Rolle spielen:

Methodendesign: Manche Formate haben ein festgelegtes Vorgehen, das man meist Copy & Paste verwenden kann (z. B. Entscheidungsfindung mit dem Konsentverfahren, siehe Kapitel 10.7). Andere Besprechungsformen brauchen womöglich ein individuell auf die Situation angepasstes methodisches Vorgehen, das von der Facilitatorin mit Bedacht entwickelt werden muss. Basierend auf dem Methodendesign entsteht dann auch eine Agenda für die Besprechung.

Vorabgespräche: Um ein sinnvolles Methodendesign erstellen zu können, oder aber auch um in der Besprechung inhaltlich alle notwendigen Informationen parat zu haben, kann es sinnvoll sein, Gespräche mit relevanten Personen im Vorfeld zu führen. Möglicherweise, weil bestimmte Personen nicht dabei sein werden und man deshalb im Vorfeld mit ihnen sprechen sollte, oder aber weil deren Input im Vorfeld gebraucht wird.

Sparring: Je nach Komplexität des Themas kann es sinnvoll sein, das geplante methodische Vorgehen mit einer zweiten Person oder einer Art Themengeber zu besprechen und gegebenenfalls anzupassen.

Sparring kann auch aus inhaltlicher Sicht wichtig sein. So kann es sinnvoll sein, einen Vorschlag, den eine Person ausarbeitet, vor der Besprechung mit anderen noch einmal zu besprechen, bevor er zur Entscheidung in die Gruppe gegeben wird.

Themenauswahl vorab: Bestimmte Meetingformate haben zum Zweck, Entscheidungen zu treffen. Oft ist es dann nicht nur eine Entscheidung, es gilt dann mehrere Beschlüsse zu fassen. Für diesen Fall müssen vorher die Themen identifiziert werden, für welche Entscheidungen getroffen werden sollen. Dazu müssen Vorschläge vorbereitet werden, über die dann in der Besprechung entschieden werden soll.

Wir bei *creaffective* haben dazu einige Tage vor der Besprechung eine gemeinsame Priorisierung der Themen über eine Onlineplattform. Die Sekretärsrolle (siehe Kapitel 7.3) baut dann basierend auf dem Ergebnis der Priorisierung der Teilnehmenden eine entsprechende Agenda und trifft die finale Entscheidung, welche Themen wann behandelt werden.

Raumvorbereitung: Für unterschiedliche Formate sind unterschiedliche räumliche Gegebenheiten sinnvoll, je nach Zweck und Ziel des Meetings. Nicht immer ist ein Tisch mit Stühlen drum herum das richtige Set-up, auch wenn die meisten Besprechungsräume so organisiert sind. Manchmal ist ein Stuhlkreis ohne Tische angemessen. Manchmal eine Hufeisenbestuhlung. Für manche Meetings gibt es gar keine Stühle, sondern die teilnehmenden Personen stehen vor einer Stellwand oder einem Stehtisch. Auch hier geht es darum, bewusst eine angemessene Form für den Zweck der Besprechung zu wählen.

Zudem braucht es noch angemessene Arbeitsmaterialien für Format und Zweck der Besprechung, wie zum Beispiel Stellwände, Flipcharts und Schreibmaterialien (siehe Kapitel 9, Utensilien für Meetings)

Virtueller Kollaborationsraum: Im virtuellen Kontext muss vor allem der virtuelle Kollaborationsraum vorbereitet werden. Zwei Ebenen müssen meiner Erfahrung nach beachtet werden:

Zum einen benötigen Sie eine Konferenzsoftware, in der sich alle Teilnehmenden treffen, um zu kommunizieren und sich zu sehen. Je nach Gruppengröße muss diese in der Lage sein, separate Kleingruppen zu unterstützen.

Zum anderen braucht es ein digitales kollaboratives Dokument, in das alle Teilnehmenden gleichzeitig schreiben können, wo Inhalte dokumentiert werden können. Wir nutzen hierzu virtuelle Whiteboards wie miro, mural oder concept board. Was Sie konkret nutzen ist egal, solange es Ihrer Situation angemessen ist.

Weitere Informationen und Details finden Sie im Kapitel Utensilien für Meetings und im Anhang.

5.2 Phase 2: Durchführung

Der Kern einer guten Besprechung ist die Durchführung.

Aufbauend auf der bewussten Vorbereitung, beginnt diese mit einem angemessenen Einstieg in die Besprechung und einem klaren Zweck und einem klaren Ziel. Es kann also z. B. darum gehen, eine Entscheidung zu treffen (Zweck), wie für das nächste Jahr Marketing betrieben werden wird (Ziel). Dazu wird dann ein geeignetes Vorgehen eingesetzt, das von klar definierten Personen moderiert wird und dessen Ergebnisse nachvollziehbar dokumentiert werden. Um am Beispiel zu bleiben: Am Ende der Besprechung gibt es damit ein Dokument, das beschreibt, wie das Marketing für dieses Jahr aussehen soll. Dieses Dokument ist von den relevanten Beteiligten beschlossen worden und es ist klar, wann alle gemeinsam noch einmal auf den Beschluss schauen und prüfen, wie die Umsetzung gelaufen ist. Dazu hat sich die Gruppe auch über Bewertungskriterien Gedanken gemacht.

Mit den Details beschäftige ich mich in Kapitel 10 und stelle Ihnen bewährte Werkzeuge für großartige Meetings vor.

5.3 Phase 3: Nachbereitung

Die meisten Besprechungen führen zu Ergebnissen, die nach der Besprechung zur weiteren Arbeit benötigt werden. Daher ist es wichtig, dass die Ergebnisse entsprechend dokumentiert und danach den Teilnehmenden zur Verfügung gestellt werden. Dazu muss allen dann auch klar sein, wo sie die Dokumentation finden können und wo die Gruppe später ggf. noch einmal nachschauen kann.

Dokumentation: Je nach Zweck und Format der Besprechung ist eine angemessene Form der Dokumentation zu wählen. Besonders in Besprechungen, in denen Ergebnisse erarbeitet und Beschlüsse gefasst werden, ist die Dokumentation zentral. Virtuelle Whiteboards haben den großen Vorteil, dass die Ergebnisse der Besprechung zugleich für die Weiterverarbeitung dokumentiert sind.

6 Die zentrale Frage: Welcher Typ zu welchem Zweck – das Meeting Framework

Alle Modelle sind falsch, aber manche sind hilfreich.

Das hier vorstellte Framework ist der zentrale Orientierungspunkt zur Planung und Durchführung von gelungenen Besprechungen.

Ich stelle Ihnen mit dem »Meeting Framework« ein praxiserprobtes und alltagstaugliches Modell zur Kategorisierung, Planung und Gestaltung Ihrer Besprechungen vor. Das Modell hat sich in der Praxis sowohl in der eigenen Organisation als auch in der Arbeit mit der Kundschaft als sehr hilfreich erwiesen.

Das Rasenmäher-Paradox: Differenz zwischen physischer und mentaler Gruppenleistung verstehen

Gruppenprozesse unterliegen hinsichtlich ihrer mentalen Dynamik dem sogenannten Rasenmäher-Paradox. David Perkins beschreibt dieses Paradox folgendermaßen (Perkins, King Arthur's round table, 7 %): Bei physischen Anstrengungen ist es immer von Vorteil, mehr als weniger Mitarbeitende in einer Gruppe zu haben. Bei mentalen Anstrengungen ist das jedoch nicht der Fall.

Beispiel für physische Anstrengung: Wenn Sie eine Person bitten, den Rasen eines 10.000 Quadratmeter großen Grundstücks zu mähen, dann wird das je nach Rasenmäher lange dauern. Wenn Sie nun zehn Menschen mit zehn Rasenmähern bitten, den Rasen zu mähen, dann wird die Gruppe ungefähr zehn Mal so schnell sein. Jede zusätzliche Person bringt also einen Mehrwert.

Beispiel für mentale Anstrengung: Wenn Sie zehn Ingenieurinnen bitten, einen neuen Rasenmäher zu entwickeln, dann werden diese zehn sehr wahrscheinlich nicht achtmal oder gar zehnmal effektiver sein als eine einzelne Entwicklerin. Die zehn könnten sehr wahrscheinlich sogar länger brauchen und weniger effektiv sein als lediglich zwei oder drei Personen, die sich Gedanken machen.

Was in der physischen Welt also gut funktioniert, muss in der mentalen Welt keineswegs gut funktionieren.

Auf Besprechungen übertragen heißt das: Eine Ansammlung intelligenter Individuen garantiert kein sinnvolles gemeinsames Handeln und auch keine sinnvolle Besprechung – selbst wenn es eine gute Agenda gibt. Es wird meiner Erfahrung nach gerne unterschätzt, dass Gruppen nicht notwendigerweise gut zusammenarbeiten, nur weil sie sich aus schlauen Individuen zusammensetzen. Gelungene Kommunikation und Kollaboration, produktives gemeinsames Denken und gemeinsame Problemlösung passieren selten einfach so, indem man schlaue Leute in einen Raum setzt. Im Gegenteil! Die Frage lautet, wie können mentale Aufgaben in Gruppen effizient organisiert werden, sodass sich die Mitglieder nicht gegenseitig behindern, sondern bei der Arbeit ergänzen?

Selbstorganisation: Mittels Strukturen leistungsstarke und intelligente Gruppen formen

Gruppen können, wenn es um mentale Aufgaben geht, enorm von den good practices der Selbstorganisation profitieren. Das sind z. B. Strukturierungsmethoden sowie Steuerungs- und Organisationsformen von Denk- und Kommunikationsprozessen.

Selbstorganisierte Gruppen verfügen meist über mehr Struktur und Regelwerk als traditionelle, hierarchische Gebilde. Das überrascht viele, die zum ersten Mal mit selbstorganisierten Gruppen und Unternehmen in Kontakt kommen. Die einzelnen Gruppenmitglieder sind alle in der Lage, eine Diskussion über die Anpassung der Rahmenbedingungen zu initiieren. Dieser Rahmen sorgt zunächst für Klarheit und in der Folge für Freiheit. Daher erübrigen sich wiederholende methodische Grundsatzdiskussionen zum Vorgehen.

Aus diesem Grund bin ich davon überzeugt, dass ein Rahmen zur Gestaltung einer Besprechung hilfreich ist, der die Interaktionen strukturiert und dem Zweck angemessen ist. So gelingt es, aus einer Ansammlung von Individuen eine intelligente Gruppe zu entwickeln.

6.1 Zuerst den Zweck klären – die 4 Ergebniskategorien verstehen

Im Klassiker »Alice im Wunderland« von Lewis Carroll gibt es den schönen Dialog zwischen Alice und der Katze:

»Würdest Du mir bitte sagen, welchen Weg ich einschlagen muss?«, fragt Alice.
»Das hängt in beträchtlichem Maße davon ab, wohin du gehen willst«, antwortete die Katze.
»Oh, das ist mir ziemlich gleichgültig«, sagte Alice.
»Dann ist es auch einerlei, welchen Weg du einschlägst«, meinte die Katze.[7]
(Carroll, Alice im Wunderland, 45 %)

Die Frage »Wo wollen wir hin?« – oder auf Besprechungen übertragen »Was wollen wir bezwecken?« – spielt eine zentrale Rolle für alle weiteren Elemente einer Besprechung. Gut ist es daher, diese Frage am Anfang zu stellen und zu klären.

Wenn diese Frage geklärt ist, ist ein zentrales Problem von Meetings gelöst, nämlich das assoziative, ziellose Sich Treibenlassen in Gesprächen (siehe auch Kapitel 4.3, Check 2). Solche Gespräche sind auf einer Party völlig in Ordnung, für eine Besprechung im Organisationskontext sind sie meistens nicht angebracht.

Die Herausforderung lautet daher: Wir denken das Meeting-Framework vom gewünschten Ergebnis her. Wir planen die Besprechung und den Einsatz von Besprechungsformaten und Methoden vom gewünschten Ergebnis her.

6.2 Vier Ergebniskategorien

Das mag sich kompliziert anhören, ist aber ganz einfach: Wir müssen nur besser verstehen, was so ein Ergebnis sein kann. Ich unterscheide dazu vier große Ergebniskategorien:

7 »›Would you tell me, please, which way I ought to go from here?‹ – ›That depends a good deal on where you want to get to,' said the Cat. – I don't much care where', said Alice. – ›Then it doesn't matter which way you go', said the Cat.« (Alice‹s Adventures in Wonderland, 45 %)

6.2.1 Ergebniskategorie 1: Informationen austauschen und einholen

Beispiel: Ein Projektteam bestehend aus sieben Personen arbeitet die Woche über an verschiedenen kleinen Aufgaben im Projekt. Einmal pro Woche sollen alle Teilnehmenden auf den aktuellen Arbeitsstand von allen anderen gebracht werden, um die weitere Arbeit zu koordinieren und gegebenenfalls Anpassungen vorzunehmen.

6.2.2 Ergebniskategorie 2: Lösungen erarbeiten und Entscheidungen treffen

Beispiel: Die Social-Media-Aktivitäten eines Unternehmens zeigen wenig Wirkung. Eine Gruppe aus unterschiedlich relevanten Personen setzt sich zusammen, um neue und erfolgreichere Maßnahmen zu entwickeln. Vermutlich wird hierzu ein Workshop angesetzt. Die Gruppe entscheidet, welche der Maßnahmen vom Social-Media-Team umgesetzt werden soll.

6.2.3 Ergebniskategorie 3: Gruppendynamik pflegen und verbessern

Beispiel: Die Mitglieder eines Produktteams geben sich mindestens einmal pro Jahr gegenseitig ein strukturiertes Feedback zur Zusammenarbeit. Das Ziel ist, die Zusammenarbeit zu verbessern und den Zusammenhalt zu stärken.

6.2.4 Ergebniskategorie 4: Lernen und Denken verbessern

Beispiel: Ein Entwicklerteam arbeitet in Form von dreiwöchigen Sprints, um zuvor definierte Aspekte eines Produktes zu erstellen. Am Ende jedes Sprints trifft sich das Team, um auf die Zusammenarbeit im Team sowie zwischen dem Team und relevanten Kontaktpersonen zurückzuschauen. Ziel der Retrospektive ist es, aus dem bisherigen Prozess zu lernen und ihn kontinuierlich zu verbessern.

Sie werden ähnliche und völlig andere Kategorisierungen von Meetings in der Besprechungsliteratur finden. Ich habe mich für diese vier Typen entschieden, weil diese in der Praxis bei der Arbeit mit Kunden und Kundinnen funktionieren und ich die Rückmeldung bekomme, dass diese Einteilung für die Praxis hilfreich ist.

6.3 Zum Zweck den passenden Meetingtyp wählen

Das Nachdenken über den Zweck des Meetings sollte immer Ihr erster Schritt sein: »Was möchten wir erreichen?« und »Was soll am Ende der Besprechung rauskommen?« Erst wenn Sie diese Frage(n) beantwortet haben, macht es Sinn, sich über alles weitere Gedanken zu machen. Das mag banal klingen. In der Praxis vieler Organisationen ist es jedoch gang und gäbe, dass sich niemand über den genauen Zweck der Besprechung Gedanken gemacht hat, sondern eine Besprechung einfach nach Themen strukturiert wird.

Oft werden Meetings einberufen, um z. B. »über den Abrechnungsprozess sprechen«. Schon tritt man in die Falle und hat zwar schon ein Thema, aber weiß noch lange nicht, wo man damit hinwill. Denn der Besprechungstitel ist hinsichtlich der vier Ergebniskategorien offen. Sollte es denn so sein, dass nur der Name der Besprechung auf der Einladung so formuliert wird, der Einladende sich aber durchaus über die Ergebniskategorie Gedanken gemacht hat, dann ist alles in Ordnung. In der Praxis erlebe ich es jedoch oft anders. Man kann sich, meiner Erfahrung nach, die Frage »Zu welchem Zweck machen wir das?« nicht oft genug stellen.

Beim Thema Abrechnungsprozess könnte es darum gehen, über die notwendigen Schritte des Prozesses zu entscheiden, oder den Prozess zu verschlanken, oder einen neuen Prozess zu planen und zu testen. Alles unterschiedliche Möglichkeiten mit einer jeweils anderen Stoßrichtung.

6.4 Vier Meetingtypen

Basierend auf dieser Ergebnislogik lassen sich für die Meetingtypen Namen ableiten und Aussagen zu ihrem jeweiligen Charakter treffen.

6.4.1 Meetingtyp 1: Taktische Meetings

Das Ergebnis dieses Besprechungstyps besteht darin, Informationen zu synchronisieren. Taktische Meetings sind *schnell und fokussiert*. Oft ist für diese Art von Meeting das Visualisieren zentral, weshalb die Abbildung ein Whiteboard zeigt, über welches die Synchronisation stattfindet.

Abb. 2: Meetingtyp 1: Taktische Meetings

6.4.2 Meetingtyp 2: Kollaborative Meetings

In kollaborativen Besprechungen werden gemeinsam Lösungen erarbeitet und/oder Entscheidungen getroffen. Kollaborative Besprechungen sind *bedächtig und konzentriert*. Gemeinsam fügen die Beteiligten unterschiedliche Bausteine zu einem gemeinsamen Ganzen zusammen.

Abb. 3: Meetingtyp 2: Kollaborative Meetings

6.4.3 Meetingtyp 3: Zwischenmenschliche Meetings

Diese Meetings dienen dazu, die Gruppendynamik zu pflegen und zu verbessern. Zwischenmenschliche Meetings sind *langsam und reflektiert.*

Abb. 4: Meetingtyp 3: Zwischenmenschliche Meetings

6.4.4 Meetingtyp 4: Lern- & Verbesserungsmeetings

Der Zweck dieser Besprechungen besteht darin, dazuzulernen und das Denken zu verbessern. Lern-& Verbesserungsmeetings sind *offen und reflektiert*.

Abb. 5: Meetingtyp 4: Lern- & Verbesserungsmeetings

! **Digitale Extras**

Diese Auflistung finden Sie zum Download auf mybook.haufe.de.

7 Rollen für Meetings

Rollen sind unerlässlich, damit Meetings wieder großartig werden können! Sie sollten in jeder Besprechung eingesetzt werden. Das Konzept von spezifischen Rollen ist aus der Selbstorganisation bekannt.

Die Rollen dienen jeweils einem bestimmten Zweck und die Rolleninhaber erhalten definierte Zuständigkeiten.

Bei der Auswahl der Personen für die Rollen kommt es darauf, dass die jeweilige Person über die notwendigen Kompetenzen verfügt, um die Zuständigkeiten und die in den Zuständigkeitsbereich gehörenden Aufgaben auszuführen.

Eine Person kann – je nach Situation – auch mehr als eine Rolle innehaben. So, wie wir im täglichen Leben auch mehrere Rollen innehaben oder in unterschiedliche Rollen schlüpfen, so ist dies auch in einer Besprechung möglich.

7.1 Rolle 1: Teilnehmer

Jede Person, die an einer Besprechung teilnimmt, hat bereits eine Rolle inne, nämlich die des bzw. der Teilnehmenden.

Zweck: Die Rolle aller Teilnehmenden besteht darin, mit relevanten Beiträgen den Zweck des Meetings zu erfüllen.

Zuständigkeit: Alle Teilnehmenden tragen aktiv dazu bei, dass die gesetzten Ziele erreicht werden.

7.2 Rolle 2: Facilitator

Tipp: Diese Rolle halte ich für absolut essenziell. Sie sollte in jedem Meeting besetzt werden und am besten schon zu Beginn des Meetings feststehen.

Zweck: Der Facilitator moderiert das Meeting und sorgt dafür, dass sowohl der Besprechungsrahmen als auch die zuvor definierten Prozesse eingehalten werden.

Zuständigkeiten: Der Facilitator ist vor allem für die Durchführung eines Meetings verantwortlich. Der Facilitator

- moderiert das Meeting mithilfe geeigneter Methoden
- achtet auf die Einhaltung der definierten Prozesse, z. B. zur Entscheidungsfindung
- erklärt den Teilnehmenden die Funktionsweise der Meetingprozesse
- fungiert als neutrale Partei in Diskussionen
- verantwortet, dass der Rahmen des Meetings eingehalten wird und dass alle Ressourcen für die Durchführung des Meetings vorhanden sind
- hat die Agenda im Blick
- hat die gemeinsam vereinbarte Zeit für jeden Punkt der Agenda im Blick und fragt die Gruppe ggf. nach einer benötigten Verlängerung der Zeit
- unterstützt Teilnehmende durch Zusammenfassen oder Paraphrasieren inhaltlich wichtiger Punkte

Erläuterung: Der Facilitator kann zugleich Teilnehmer der Besprechung sein. In diesem Fall sollte eine zweite Person als Backup-Facilitator einspringen können, wenn zum Beispiel der Facilitator inhaltlich für einen Punkt der Agenda zuständig ist.

Bei komplexen oder emotionaleren Themen kann eine Person exklusiv die Rolle des Facilitators übernehmen, damit es nicht zu einem Rollenkonflikt kommt, da er gleichzeitig auch noch Teilnehmer ist. In diesem Fall kann auch ein Externer als Facilitator fungieren. In dieser Rolle des externen Facilitators finden wir uns oft wieder, wenn wir bei der Kundschaft Workshops moderieren.

7.3 Rolle 3: Sekretär

Tipp: Auch diese Rolle halte ich für absolut essenziell. Sie sollte in jedem Meeting besetzt werden.

Zweck: Bereitet vor, begleitet und stabilisiert den formalen Ablauf der Besprechung und protokolliert die Inhalte und Ergebnisse.

Zuständigkeiten: Der Sekretär ist für alle drei Phasen des Meetings (Vorbereitung, Durchführung und Nachbereitung) wichtig. Der Sekretär

- erinnert vorab das Team daran, Themen zu ergänzen und zu priorisieren
- fragt vorab die Teilnehmenden bezüglich der Themen nach dem Stand der Bearbeitung
- steuert vor der Besprechung den Prozess der Themenpriorisierung
- priorisiert die Themen anhand der Präferenzen der Besprechungsteilnehmer unter Berücksichtigung der wahrscheinlichen Zeitdauer
- erstellt die Agenda und kommuniziert Ort und Zeit
- achtet darauf, in Rücksprache mit dem Facilitator sowie weiteren relevanten Personen, dass die Agenda eingehalten und ggf. angepasst wird
- erfasst und protokolliert die Ergebnisse des Meetings
- pflegt die Dokumentationsordnung.

7.4 Rolle 4: Wächterin

Die Rolle der Wächterin kann nach Bedarf und Geschmack eingeführt werden. Möglicherweise schlüpfen Teilnehmende automatisch in die Wächter-Rolle, ohne dass diese eingeführt wurde.

Zweck: Sorgt für ein Bewusstsein für die Einhaltung vereinbarter Meeting-Prinzipien und weist auf Verletzung der Prinzipien hin.

Zuständigkeiten:

- Weist aktiv darauf hin, bestimmte vereinbarte Meeting-Prinzipien einzuhalten, wenn diese aus seiner Sicht missachtet werden.
- Führt bei Bedarf eine kurze Schweigepause ein, um alle Teilnehmenden wieder zu fokussieren und zu sammeln.
- Weist bei Bedarf zu Beginn des Meetings noch einmal auf die gemeinsam vereinbarten Prinzipien und Rahmenbedingungen hin.

Digitale Extras !

Die vier Rollen für Meetings finden Sie auf mybook.haufe.de zum Download.

8 Die Zehn Prinzipien für gute Meetings

Es spielt keine Rolle, ob es um ein taktisches, ein kollaboratives, ein zwischenmenschliches oder ein Lern- & Verbesserungsmeeting geht: Diese Prinzipien gelten für alle Formen von Besprechungen.

Wie sind diese Prinzipien gemeint? Besprechungen lassen sich auf zwei Ebenen unterteilen.

Konkrete Ebene: Es gibt zum einen die konkrete Ebene, das ist die Ebene der Werkzeuge (siehe Kapitel 10).

Grundlegende Ebene: Zum anderen gibt es die grundlegende Ebene, auf der es gilt, psychologische Sicherheit und Achtsamkeit für die Besprechungen zu entwickeln. Das ist die Ebene der im Folgenden vorgestellten Prinzipien.

Die Prinzipien sind dazu da, damit die Teilnehmenden in einem Meeting präsent und offen sein können. Sie sind die Grundlage dafür, dass eine Atmosphäre der psychologischen Sicherheit vorhanden ist, dass die Menschen frei von Angst sind und eine gewisse Heiterkeit an den Tag legen können. Die Prinzipien bieten dazu die Basis, dass die Teilnehmenden achtsam sein können und ein Bewusstsein für eigene innere Muster und innere Filme haben.

8.1 Prinzip 1: Gelungene Teilnahme

Im englischen Sprachraum heißt dieses Prinzip »Artful participation«, das man als gelungene Teilnahme übersetzen kann. Kennen- und schätzen gelernt habe ich dieses Prinzip in meiner Beschäftigung mit Sociocracy 3.0., einer sozialen Technologie für effektive Kollaboration und flexible Unternehmen.

Das Prinzip der gelungenen Teilnahme speist sich aus Elementen der Arbeit mit Gesprächskreisen, wie sie die beiden Autorinnen Christina Baldwin und Ann Linnea beschrieben haben (Baldwin & Linnea, The Circle Way). Gesprächskreise sind eine Jahrhunderte alte Praktik, die aus vielen Kulturen bekannt ist, um in einer Gruppe zu sprechen und Entscheidungen zu treffen.

Artful participation ist eine Art mentale Erinnerung und Aufforderung an Einzelne und die gesamte Gruppe, sich kontinuierlich Folgendes zu fragen:

»Ist mein Verhalten in diesem Moment der bestmögliche Beitrag, den ich zur Effektivität unserer Zusammenarbeit leisten kann?«

Beitrag kann dabei bedeuten, bewusst nichts zu sagen, bewusst zu unterbrechen, bewusst einen Einwand vorzubringen oder sogar bewusst eine Vereinbarung zu brechen.

Zentral bei diesem Prinzip ist die kontinuierliche eigene Reflexion und Hinterfragen, ob ich mit meinem Verhalten nun zur Effektivität beitrage.

Es passiert uns allen, dass wir dieses Prinzip verletzen: Manchmal sagen wir etwas, nur damit wir auch noch einmal unseren Senf dazu gegeben haben. Das tut dem Ego gut, ist für die Besprechung aber nicht zielführend. Manchmal trauen wir uns nicht einzuschreiten, obwohl uns klar ist, dass die Diskussion nirgendwohin führen wird. Wir wollen ja nicht schlecht dastehen und der Spielverderber sein.

Artful Participation gibt uns einen Anker, der uns immer wieder zur Frage der Effektivität zurückholt.

Einige Kundinnen und Kunden von uns haben sich ein Poster erstellt, das nun in den Besprechungsräumen hängt, um alle an das Prinzip der gelingenden Teilnahme zu erinnern. In Workshops, die wir moderieren, stellen wir das Prinzip am Anfang kurz vor und weisen von Zeit zu Zeit darauf hin. Eine sanfte Erinnerung reicht oft schon, um das Prinzip wieder allen ins Bewusstsein zu holen. Irgendwann wird es Teil der Besprechungskultur werden und Sie werden feststellen, dass Menschen einen Beitrag manchmal bewusst einleiten mit: »Aus Gründen der artful participation …«

8.2 Prinzip 2: Aufmerksames Zuhören

Ein wichtiges Element der Arbeit mit Gesprächskreisen ist das aufmerksame Zuhören. Es gibt verschiedene Arten des Zuhörens: In Fernsehtalkshows hören die Teilnehmenden oft nur deswegen zu und halten kurzzeitig den Mund, um zu überlegen, mit welchem Argument sie den »Gegner« gleich ein Schnippchen schlagen können.

Das mag unterhaltsam sein, ein Dialog entsteht so natürlich nicht und damit auch kein gemeinsamer Fortschritt.

Sie erinnern sich, großartige Besprechungen setzen voraus, dass Menschen grundsätzlich kooperieren möchten (siehe Kapitel 4.2, Check 1). Mit dieser Grundhaltung kann man dann versuchen, aufmerksam zuzuhören. Baldwin und Linnea beschreiben dies wie folgt:

> »Aufmerksames Zuhören ist die Fähigkeit, sich klar auf das zu konzentrieren, was von jemand anderem gesagt wird. Das bedeutet, dass wir zuhören, wenn jemand anderes spricht, und es vermeiden, uns in unseren eigenen Gedankengang zurückzuziehen, um Zustimmung oder Widerspruch vorzubereiten.«[8] (Baldwin & Linnea, The Circle Way, 38 %; Übersetzung aus dem Englischen durch den Autor)

Das wirkliche aufmerksame Zuhören ist dabei ein wertvoller Beitrag, den jeder Einzelne leisten kann. Sie können sich daran erinnern, wenn Sie an die gelungene Teilnahme denken.

8.3 Prinzip 3: Bewusstes Sprechen

Der Gegenpol zum aufmerksamen Zuhören ist das bewusste Sprechen, das ebenfalls aus der Kultur der Gesprächskreise kommt:

> »Bewusstes Sprechen ist die Vorgehensweise, Geschichten und Informationen beizusteuern, die Herz und Bedeutung oder Relevanz für die Situation haben. Es entsteht aus der Geduld des Wartens auf den Moment, in dem jeder von uns wirklich versteht, was er beitragen soll, und wenn die Gruppe bereit ist, es aufzunehmen.« (Baldwin & Linnea, The Circle Way, 16 %, Übersetzung aus dem Englischen durch den Autor)

8 »Attentive listening is the ability to focus clearly on what is being said by someone else. This means that we listen when someone else is speaking and avoid withdrawing into our own thought process to prepare agreement or rebuttal.« (The Circle Way, 38 %)

Auch hier zeigt sich der Zusammenhang zur gelungenen Teilnahme. Diese profitiert einerseits vom aufmerksamen Zuhören und auch vom bewussten Sprechen. Die Teilnehmenden werden vielleicht in den Meetings etwas weniger sagen, als wir das gewohnt sind, dafür wird aber das, was gesagt wird, gehaltvoller und für die Besprechung zielführender sein.

8.4 Prinzip 3: Pop-up-Regeln

Sie kennen vielleicht Pop-up-Stores? Das sind Geschäfte, die für einen beschränkten Zeitraum eröffnen und dann auch wieder bald schließen.

Ganz ähnlich kann man in Besprechungen mit Pop-up-Regeln arbeiten. Die Regeln gelten für die Dauer einer (bestimmten) Besprechung und danach nicht mehr. Die Regel muss selbstverständlich dem Zweck der Besprechung dienen. Pop-up-Regeln sind zumeist weder Teil der Unternehmenskultur noch allen bekannt. Sie werden im Alltag nicht angewendet. Pop-up-Regeln können gemeinsam jeweils für eine Besprechung aufgestellt oder vom Facilitator für ein Meeting festgelegt werden.

Beispiel: Gesprächsstock. Nur wer den Gesprächsstock in der Hand hält, darf sprechen, alle anderen müssen schweigen. Jemand anderes kann nur sprechen, wenn die Person, die aktuell den Stock hält, diesen weitergibt.

Beispiel: Workshop-Du. Um die Kommunikation zu erleichtern, wird in einem Workshop das Duzen eingeführt. Gerade bei gemischten Gruppen mit Menschen, die sich teilweise gut und teilweise gar nicht kennen, kann das die Kommunikation fördern.

Pop-up-Regeln erleichtern es, Veränderungen in Besprechungen einzuführen, ohne die gesamte Unternehmenskultur verändern zu wollen oder zu müssen.

8.5 Prinzip 5: Divergierendes und konvergierendes Denken trennen

Das Prinzip, divergierendes- und konvergierendes Denken zu trennen, stammt aus der systematischen Kreativität. Es ist die Grundlage für alle Prozesse der systematischen Kreativität und Innovation. Wichtig ist es besonders für kollaborative Besprechungen, wenn es darum geht, gemeinsam Lösungen und Ideen zu erarbeiten (siehe Kapitel 6.4.2, Meetingtyp 2).

Was ist divergierendes Denken? Sie denken divergierend, wenn Sie in Alternativen und Optionen denken. Es geht bei dieser Denkweise darum, ohne zu werten frei und offen zu sammeln. Egal ist, ob Sie Informationen oder Ideen sammeln.

Was ist konvergierendes Denken? Sie denken konvergierend, wenn Sie aus den vielen Optionen, die zuvor erarbeitet wurden, die hinsichtlich des Zwecks der Besprechung relevantesten Ergebnisse heraussuchen und über diese sprechen.

Schrittfolge. Das Prinzip steht dafür, dass Sie das Entwickeln von Optionen (divergierend) und das Bewerten dieser Optionen (konvergierend) *nicht gleichzeitig* durchführen, sondern bewusst voneinander trennen.

In der Theorie ist dieses Prinzip vielen Menschen bekannt. In der Praxis merken Sie an den vielen »Ja, aber!« nach einer divergent gedachten Idee, dass es nicht zum Einsatz kommt. Jedes »Ja, aber!« stellt eine Vermischung der beiden Phasen dar. Wenn es in einer Besprechung gelingt, das »Ja, aber!« weitgehend zu eliminieren, dann sind Sie beim Einsatz des Prinzips schon einen großen Schritt weiter.

8.6 Prinzip 6: Visualisierung und Dokumentation

Der Begriff Besprechung suggeriert, dass es in Besprechungen vor allem um das Sprechen geht. Das ist einerseits richtig. Andererseits finden gute Besprechungen nicht nur auf der mündlichen Ebene statt. Für alle vier Meetingtypen (siehe Kapitel 6.4) ist es darüber hinaus grundsätzlich sinnvoll, Inhalte und Ergebnisse zu visualisieren und zu dokumentieren.

Für manche Besprechungstypen wie das kollaborative Meeting ist das sogar absolut essenziell. Ohne aktive schriftliche Dokumentation funktionieren sie bereits während der Besprechung nicht. Daher ist es wichtig, die entsprechenden Utensilien in der Vorbereitung zu berücksichtigen, um während der Besprechung visualisieren und dokumentieren zu können.

Art der Dokumentation. Wie dokumentiert wird, ob z. B. analog oder digital, kann je nach Kontext, Kultur und Präferenz unterschiedlich sein. *Softwaretools* eröffnen tolle Möglichkeiten, gemeinsam an Dokumenten zu arbeiten und auch gemeinsam visuell zu arbeiten. So entsteht bereits während der Besprechung eine Dokumentation, die danach sofort weiterverwendet werden kann. Wir arbeiten intensiv mit diesen Tools (in unserem Fall Microsoft Teams). Über das Tool läuft unsere interne Kommunikation ab. Und wir nutzen es ebenso für die Vorbereitung und Dokumentation unserer Meetings. Wir führen jedoch auch immer wieder Workshops durch, in denen wir analog mit *Stellwänden*, *Post-its* und *Flipcharts* arbeiten. Wichtig ist, dass dokumentiert wird!

Beispiel: Audiodokumentation. Bisher meinte ich mit Dokumentation eine in irgendeiner Form lesbare Dokumentation. Der US-amerikanische Unternehmer und Milliardär Ray Dalio schreibt, dass in seiner Firma Bridgewater Argumentationen, die zu einer Entscheidung geführt haben, bereits in der Besprechung aufgezeichnet werden. Die Aufzeichnung kann von allen und zu jeder Zeit später angehört werden. Das Ziel ist neben der Dokumentation, dass z. B. falsche Entscheidungen rekonstruiert werden können, um daraus zu lernen und dadurch besser zu werden (Dalio, Principles, 16 %).

8.7 Prinzip 7: Schrittweises Vorgehen

Die Werkzeuge für Meetings, die ich in Kapitel 10 vorstelle, werden alle schrittweise eingesetzt. Dieses Vorgehen empfehle ich auch als Prinzip für Besprechungen – unabhängig davon, welche Werkzeuge oder Methoden Sie konkret einsetzen.

Das schrittweise Vorgehen ist für Gruppen manchmal eine Herausforderung, weil sie der assoziativen Tendenz unseres Denkens zuwiderläuft. Oft erlebe ich Gruppen, die während des Sammelns von Hintergrundinformationen schon gleich Ideen haben (super!) und dann sofort in eine Diskussion über die erstbesten Ideen abgleiten (nicht so super). Besser ist es, wenn die Gruppe erst das Sammeln der Hintergrundinformationen abschließt und die bereits aufkommenden Ideen festhält, damit diese nicht verloren gehen. Diskutiert werden die Ideen aber erst später im Prozess.

8.8 Prinzip 8: Mit Besprechungskategorien arbeiten

Das Prinzip 8 ist mit dem Meeting-Framework, das ich in Kapitel 6 vorgestellt habe, kongruent. Das Prinzip sagt: Unterscheiden Sie klar zwischen den vier Ergebniskategorien – und in der Folge mit den vier Meetingtypen! Passen Sie das Vorgehen dem jeweiligen Zweck an. Diese Klarheit wirkt sich wohltuend auf den Verlauf der Besprechung aus.

Dieses Prinzip ist die beste Grundlage für jede Form von Besprechung und für verschiedenste Methoden. Wenn Sie es beherzigen und beachten, ist viel gewonnen! Und die Methoden, die Sie einsetzen, können ihre Wirkung besser entfalten.

8.9 Prinzip 9: Räume für gute Meetings

Wir haben einen Kunden, der die Räume, die für kleine Besprechungen gedacht waren, Denkzellen nannte. Der Name »Zelle« war leider Programm, es waren kleine enge Räume, ein rechteckiger Tisch mit sechs Stühlen. Licht kam über schmale Innenfenster zum Gang herein, es war jedoch immer künstliches Licht notwendig. Die Räume waren klimatisiert, Luft von außen konnte man nicht hereinlassen. Wer Bedarf hatte, konnte sich einen mobilen Beamer auf den Tisch stellen und eine Wand als Projektionsfläche nutzen. Für weiteres Equipment war selbstredend kein Platz.

Sie können sich vorstellen, dass Gruppen in dieser Art von Räumen erst einmal gegen die bedrückende Atmosphäre und die geringe Energie im Raum anarbeiten müssen. Keine guten Voraussetzungen für gute Besprechungen.

Räumlichen Gegebenheiten sind aus meiner Sicht nicht der zentrale Erfolgsfaktor für gelungene Besprechungen. Dennoch machen Räume etwas mit Menschen. Nicht ohne Grund investieren Hotels, Konferenzanbieter und Co-Working-Spaces viel Geld, Energie und Hirnschmalz, um eine ansprechende und angenehme räumliche Umgebung zu schaffen. Im Gegensatz zur in manchen traditionellen Unternehmen durchaus noch verbreiteten Denke, hat dies nichts mit Esoterik zu tun. Arbeit muss nicht körperlich schmerzen, um es Arbeit zu nennen! Man darf sich durchaus dabei wohlfühlen. Andersherum heißt das, dass angenehme und schön gestaltete Räume förderlich sind für gute Besprechungen. Zum Glück erkennen dies immer mehr Organisationen.

Ein erstes wichtiges Kriterium für Räume ist also, dass Menschen sich darin wohlfühlen können und diese ansprechend sind. Was ansprechend ist, ist je nach Organisation möglicherweise unterschiedlich.

Flexibilität: Im Jahr 2019 habe ich ein Whitepaper veröffentlicht mit dem Titel »Agiles Arbeiten in agilen Räumen«, das sich hoher Downloadzahlen erfreut hat. Mein zentrales Argument darin ist, dass je nach Kontext und Zweck der Arbeit eine andere Art von Raum gebraucht wird und Räume diese Flexibilität auch ermöglichen sollten.

Das gleiche gilt natürlich auch für Besprechungen. Hier im Buch unterscheide ich vier Meetingtypen (siehe Kapitel 6.4) und stelle zwölf verschiedene Werkzeuge vor (siehe Kapitel 10). Je nach Meetingtyp und eingesetzten Werkzeugen ist es sinnvoll, den Raum für die jeweiligen Besprechungen umzubauen. Damit dieses Umbauen schnell und einfach vonstattengeht, muss der Raum flexibel sein.

Beispiel: Stehen. Taktische Meetings sind schnell und fokussiert. Für diese Art der Besprechungen bietet es sich an, diese nicht im Sitzen, sondern im Stehen durchzuführen. Nicht ohne Grund heißt eines der Werkzeuge Stand-up. Besprechungen im Stehen sind auf eine kurze Zeitdauer angelegt, so dass es für die Teilnehmenden angenehm ist, für die Dauer der Besprechung zu stehen. Es ist auch erwiesen, dass Menschen im Stehen dazu neigen, sich kürzer zu fassen als im Sitzen.

Beispiel: Sitzen. Für andere Arten von Besprechungen ist es am besten zu sitzen. Dabei gibt es verschiedenste Möglichkeiten, Sitzgelegenheiten zu arrangieren. Ich habe bereits die Arbeit in Kreisen erwähnt. Hier sitzen die Menschen ohne Tische in einem Stuhlkreis, um eine Begegnung und Dialog auf Augenhöhe zu ermöglichen.

Beispiel: Abwechslung. In kollaborativen Meetings, besonders wenn diese als längerer Workshop durchgeführt werden, macht ein Wechsel des räumlichen Settings Sinn. Phasen, wo alle um einen Tisch sitzen, lösen Zeiten ab, in denen die Teilnehmenden vor Stellwänden stehen und Ideen aufschreiben und Lösungen visualisieren.

Daher ist es hilfreich, wenn die Räume flexibel sind und alle im Raum befindlichen Elementen flexibel und mit geringem Aufwand verändert werden können. Fest installierte Tische mit kilometerlangen Kabelsträngen sind nicht förderlich.

Neuentwicklung: Kappajon. Aus diesem Bedarf heraus haben wir bei *creaffective* vor einigen Jahren sogar ein eigenes Besprechungsraum-Möbelstück entwickelt, das wir Kappajon nennen. Es ist eine Mischung aus Stellwandhalter, Stauraum und Sitz. Je nach Einsatzszenario kann die Nutzung sekundenschnell geändert werden.

8.10 Prinzip 10: Die richtige Gruppengröße

Unterschiedliche Besprechungen können unterschiedliche Gruppengrößen haben.

Je größer der Grad der (mentalen) Interaktion zwischen den Teilnehmenden ist, desto relevanter ist die Gruppengröße. Bei kollaborativen Meetings gilt das insbesondere, denn es geht darum, gemeinsam an Lösungen zu arbeiten und Entscheidungen zu treffen.

Beispiel: Meetingtyp 4. Bei Lern- & Verbesserungsmeetings werden oft Werkzeuge wie Lunch and Learn (siehe Kapitel 10.15, Werkzeug 13) eingesetzt, wo es hinsichtlich der Teilnehmerzahl kein Limit nach oben gibt.

Beispiel: Präsentation. Auch bei Präsentationen, wo der Grad der Interaktion zwischen den Teilnehmenden grundsätzlich geringer ist, ist die Anzahl der Teilnehmenden nicht sonderlich relevant.

Zwei Annahmen: Für die Gruppengröße gelten folgende Annahmen:
1. So viele Teilnehmende wie nötig, so wenige wie möglich.
2. Je mehr Menschen agieren, desto komplexer wird die Interaktion.

Die Annahme 2 lässt sich mit dem Rasenmäher-Paradox (siehe Kapitel 6) erklären. Das Aufaddieren von mentalem Einsatz funktioniert nur bis zu einem gewissen Grad. Irgendwann übersteigen die »Kosten« eines weiteren Teilnehmenden für die Gruppe den »Gewinn«, der durch ihn generiert werden kann. Der US-amerikanische Mathematiker und Kreativforscher David Perkins gibt an, dass bei einer Gruppengröße von fünf Personen der Kipppunkt erreicht ist (Perkins, King Arthur's round table, 32 %). Ab dann gilt schnell: Zu viele Köche verderben den Brei.

Größere Gruppen mit Facilitator. Durch den Einsatz eines erfahrenen Facilitators kann die Gruppengröße bis zu 12 Menschen umfassen. Ein guter Facilitator kann durch einen entsprechenden Prozess und den Einsatz sinnvoller Methoden die Interaktionen so strukturieren, dass die »Köche« noch einigermaßen gut miteinander arbeiten können.

Gruppen mit Selbstorganisation: Sobald die Gruppen jedoch in die Selbstorganisation entlassen werden, also ohne einen dezidierten Facilitator arbeiten, gilt wieder die 5-Personen-Regel. Deshalb werden z. B. Kleingruppen in Workshops auf 4 bis 5 Personen begrenzt.

»Points-of-agreement«-Logik: Der US-amerikanische Information-Designer Kevin M. Hoffmann hat die »Points-of-agreement«-Logik entwickelt (Hoffmann, Meeting Design, 22 %). Diese Logik geht von der Anzahl der Möglichkeiten in einer Gruppe von Menschen aus, eine Einigung zu finden. Mathematisch ausgedrückt laut Hoffmann:

3 Personen	3 Möglichkeiten eine Übereinkunft zu finden
7 Personen	21 Möglichkeiten eine Übereinkunft zu finden
12 Personen	66 Möglichkeiten eine Übereinkunft zu finden

Hoffmann schreibt dazu:

> »Wenn Sie eine Person zu einem Meeting hinzufügen, suchen Sie nicht nur die neue Einwilligung dieser einen Person. Sie fügen so viele Punkte der Übereinkunft hinzu, wie es Leute gibt, die bereits beteiligt sind. Wenn man die Anzahl der Personen in einem Meeting erhöht, steigt die Komplexität schnell an.«[9] (Hoffmann, Meeting Design, 22 %; Übersetzung aus dem Englischen durch den Autor)

Besonders eindrücklich zeigt sich das für mich, wenn eine größere Gruppe von Menschen versucht, eine Entscheidung per Konsens herbeizuführen. Kein Wunder, dass die Staatschefs in der EU mehrere Tage benötigen, um eine Entscheidung zu finden, und es oft genug gar keine Einigung gibt.

9 »When you add one person to a meeting, you aren't just seeking that one person's new agreement. You are adding as many points of agreement as there are people who are already involved. Increasing the number of people in a meeting will scale up the complexity quickly.« (Meeting Design, 22 %)

In den beiden Kapiteln 10.7 und 10.8 zum Thema Entscheidungsfindung werde ich zeigen, wie Sie auch bei einer größeren Anzahl an Menschen gut Entscheidungen herbeiführen können, ohne dass die Entscheidungsfindung zu sehr unter der Gruppengröße leidet. Immer unter der Voraussetzung, dass Menschen kooperieren möchten. Aber auch hier gilt natürlich Annahme 2: Je mehr Menschen dabei sind, desto komplexer wird es.

Zudem kann es Situationen geben, in denen Sie laut Annahme 1 eine gewisse Menge an relevanten Teilnehmenden brauchen, zum Beispiel, weil sie alle von einer Entscheidung betroffen sein werden und deshalb eingebunden sein sollten. Jedoch ist so eine Situation ab einer gewissen Anzahl an Betroffenen nicht mehr handhabbar. Es kann dann sinnvoll sein, mit Delegierten zu arbeiten, um die Anzahl der Teilnehmenden wieder zu reduzieren.

Beispiel: Taktisches Meeting. Bei anderen Meetingtypen, wie den taktischen Meetings, ist der Grad der Interaktion zwischen den Leuten meist nicht besonders hoch. Dennoch kommt bei diesen Meetingtypen jeder und jede Teilnehmende zu Wort und hat einen Redebeitrag. Für diese Art von Besprechungen gibt es damit auch eine maximale Teilnehmerzahl von 10 bis 15 Personen. Wird diese Anzahl überschritten, dann wird die Besprechung einfach zu langwierig und die Teilnehmenden klinken sich mental aus bzw. können den vielen Inhalten einfach schlecht folgen.

9 Utensilien für Meetings

Was für eine Ausstattung, welche Materialien braucht es für gute Meetings? Egal ob eine Besprechung in einem virtuellen oder einem anlogen Setting stattfindet, bestimmte Utensilien brauchen Sie auf jeden Fall. Welche das sind, lesen Sie im Folgenden.

9.1 Utensilie 1: Schreib- und Visualisierungsflächen

Inhalte visualisieren und dokumentieren, das ist für fast alle Meetingformate, die ich in diesem Buch vorstelle, von zentraler Bedeutung. Visualisieren und dokumentieren können Sie mittels einfacher Listen, flexibler mit Post-its, die neu platziert werden können, mit individuellen Diagrammen oder standardisierten Formen wie einer Kanban-Darstellung. Welche Visualisierungs- oder Dokumentationsform Sie auch wählen, es bedarf dazu der passenden Utensilien:

Flipchart: Ein Flipchart ist dafür schon mal ein guter Anfang. Allerdings – Sie kennen das aus den Meetings – sind die Möglichkeiten der Visualisierung mittels Flipchart auch schnell erschöpft. Ein Blatt ist vollgeschrieben, es muss umgeblättert werden. Das zuvor Notierte ist nicht mehr sichtbar.

Whiteboards oder Canvas-Tools: Daher ist es wichtig, weitere Flächen zu haben, sodass das Erarbeitete übersichtlich gezeigt und präsent gehalten werden kann. Dazu sollten Sie bei analogen Meetings Whiteboards oder Stellwände, bei virtuellen Meetings Canvas-Tools wie miro, mural oder concept board einsetzen.

Post-its: Ideen nur in Listenform untereinander aufzuschreiben ist häufig nicht hilfreich bei der Arbeit. Es braucht Möglichkeiten, visueller zu arbeiten und Inhalte anders anzuordnen und zu sortieren. Das ist mit Post-its möglich. Mit Ihnen können Sie zuvor Gesammeltes flexibel anordnen, neu strukturieren. Je mehr Flexibilität das Utensil bietet, desto höher ist Bereitschaft von Gruppen, Veränderungen vorzunehmen. Aus meiner Sicht bieten Post-its wirklich handfeste (im wahrsten Sinne des Wortes) Vorteile für das flexible Arbeiten in Besprechungen.

Die oben erwähnten digitalen Tools miro, mural und concept board sind hier sogar noch einfacher und flexibler. Weitere ergänzende Informationen finden Sie im Anhang unter Kapitel 11.5 Digitale Tools für großartige Meetings.

9.2 Utensilie 2: Timer

Je größer das Bewusstsein einer Gruppe für den Verlauf der Zeit ist, desto höher ist die Wahrscheinlichkeit, dass die Gruppe in dem zuvor definierten Zeitraum fertig wird. Das entspricht zumindest meiner Beobachtung aus 15 Jahren Arbeit mit Gruppen. Die Erklärung für diese Einsicht liegt auf der Hand: In diesen sich der Zeit bewussten Gruppen gibt es immer jemanden, der die anderen auf die Ressource Zeit hinweist. Die Teilnehmenden werden daher – ganz im Sinne von Prinzip 1 »Gelungene Teilnahme« – überlegen, wie ihr bestmöglicher Beitrag aussehen könnte.

Gleich zwei Funktionen erfüllt ein Timer – analog oder virtuell –, der die zur Verfügung stehende Zeit im Countdown angibt:

- Er sorgt für ein Bewusstsein unter den Besprechungsteilnehmenden für den Verlauf der Zeit und
- er kann die zu Verfügung stehende Zeit tatsächlich begrenzen.

Tipp: Ordnen Sie bei der Planung eines Meetings jedem einzelnen Punkt in der Agenda eine Dauer zu. Und kündigen Sie die einzelnen Punkte in der Besprechung immer mit der geplanten Zeit an.

Nach Ablauf der Zeit: Was passiert, wenn der Timer angibt, dass die Zeit abgelaufen ist? Entweder wird die Aktivität dann beendet oder es gibt eine kurze Abstimmung in der Gruppe, ob für den Punkt mehr Zeit eingeräumt werden soll und welche Punkte der Agenda dafür womöglich gestrichen werden können.

Entscheidet sich die Gruppe, das Thema an dieser Stelle zu beenden, so sollte sie sich eine Minute Zeit nehmen, um einen nächsten Schritt festzulegen (falls das überhaupt relevant ist).

Auf keinen Fall sollten Sie und die Gruppe den Timer, wenn die Zeit abgelaufen ist, einfach ignorieren und munter weiterreden. Das führt das Prinzip des Timers ad absurdum.

Zeitplanung: Mit der Zeit werden Sie auch immer besser darin werden, realistische Zeiteinschätzungen für Aktivitäten vorzunehmen und diese entsprechend zu planen.

Puffer planen: Selbstredend sollten Sie beim Erstellen einer Agenda immer Puffer einplanen, damit es auch einmal möglich ist, eine Aktivität um ein paar Minuten zu verlängern, ohne andere Punkte streichen zu müssen.

Timer gibt es in verschiedensten Varianten in haptischer und virtueller Form. Auf wohl fast jedem Smartphone ist diese Funktion verfügbar. Ich empfehle Ihnen, etwas zu recherchieren und einen Timer zu wählen, der Ihnen zusagt.

9.3 Utensilien für spezielle Fälle

Für besondere und nicht seltene Situationen haben sich folgende Utensilien als äußerst hilfreich erwiesen:

Bilderkarten: Vorstellungsrunde und Ideenfindung. Bilderkarten gibt es mit stilisierten Fotos in Spielkartengröße in verschiedensten Ausführungen zu kaufen.

Die Karten nutze ich für Vorstellungsrunden in Workshops. Die Teilnehmenden bitte ich, eine Karte mit einem Motiv zu wählen, das Assoziationen weckt. Die Teilnehmenden stellen sich dann unter Bezug auf die Karte und die Assoziationen einander vor.

Mittels der Bildkarten ist es auch möglich, in einem Meeting die Ideenfindung anzukurbeln.

Blümchentapete: Gegenmittel bei Verzettelung. Diesen Trick habe ich vor vielen Jahren als Teilnehmer in einem Workshop kennen gelernt. Dazu braucht es ein circa DIN A5 großes Stück Blümchentapete oder einen Ausdruck mit etwas Ähnlichem. Die Geschichte dahinter lautet wie folgt: Ein Ehepaar wendet sich an einen Architekten, damit dieser das Paar unterstützt, ihr Traumhaus zu planen. Nach einem ersten Gespräch mit den beiden Auftraggebern macht sich der Architekt an die Arbeit. Erste Entwürfe entstehen, die er dem Paar in einem zweiten Gespräch vorstellen möchte. Als er in diesem zweiten Gespräch dazu ansetzt, den Grundriss zu erklären, beginnt das Paar beim Anblick der Skizze sofort über die Einrichtung zu diskutieren und befindet sich nach zwei Minuten in einer Detaildiskussion über die Farbe der Tapete.

Die Blümchentapete steht symbolisch für eine zu schnell zu detailliert gewordene Diskussion, die sich nur noch mit Aspekten beschäftigt, die für den Zweck der Besprechung vermutlich nicht relevant sind.

In einer Besprechung kann dieses Stück Blümchentapete für alle greifbar irgendwo liegen. Wer das Gefühl hat, dass sich die Gruppe gerade verzettelt, der hebt das Stück Tapete hoch. Dann hält die Gruppe kurz inne und reflektiert, ob die Diskussion in dieser Tiefe nun wirklich nötig ist. Falls ja, dann gut und die Diskussion kann weitergehen. Falls nein, dann sollten wir damit aufhören und wieder eine mentale Ebene höher gehen.

Sprechstück: Geschützten Raum schaffen. Das »talking piece« kommt aus der Arbeit mit Gesprächskreisen und war ursprünglich ein Stück Holz. Heute tut es auch ein Stift oder irgendein anderer Gegenstand. Beim Einsatz eines Sprechstücks darf ausschließlich die Person sprechen, die das Sprechstück in der Hand hält. Erst wenn er oder sie das Sprechstück weitergibt, darf die nächste Person sprechen.

Der Zweck des Sprechstücks ist, das Gespräch bewusst zu entschleunigen, zu fokussieren und einen geschützten Raum für den Sprecher oder die Sprecherin zu schaffen. Der Einsatz kann sich besonders bei zwischenmenschlichen Besprechungen anbieten, aber auch bei der Entscheidungsfindung.

10 Werkzeuge für Meetings

Kernelement dieses Buches sind die 13 wichtigsten Werkzeuge für eine Besprechung, die ich im Folgenden vorstelle. Die Werkzeuge bzw. Besprechungsformate folgen der Logik des in Kapitel 6 vorgestellten Meeting-Frameworks und den dazugehörenden 4 Meetingtypen mit ihrem jeweils spezifischen Zweck.

Neben dem jeweils konkreten Zweck haben die Werkzeuge (fast alle) ein größeres Ziel: Sie etablieren zugleich Mikrostrukturen, die jedem Teilnehmenden die Möglichkeit der Teilhabe bieten.

Zu jedem der 4 Meetingtypen stelle ich jeweils 2 bis 4 der wichtigsten Werkzeuge vor – für Ihre großartigen Meetings.

Taktische Meetings **Zweck**: Informationen synchronisieren Werkzeug 1: Tactical Meetings Werkzeug 2: Stand-ups	
Kollaborative Meetings **Zweck**: Gemeinsam Lösungen erarbeiten und/oder Entscheidungen treffen Werkzeug 3: Treiberformulierung Werkzeug 4: Prozess der Vorschlagserarbeitung Werkzeug 5: Konsententscheidung Werkzeug 6: Einzelentscheid und weitere Formate zur Entscheidungsfindung	
Zwischenmenschliche Meetings **Zweck**: Gruppendynamik pflegen und verbessern Werkzeug 7: Check-in Werkzeug 8: Spiegeln Werkzeug 9: Klärungsmeeting Werkzeug 10: Check-out	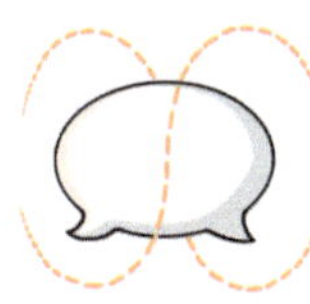
Lern- & Verbesserungsmeetings **Zweck**: Lernen und das Denken verbessern Werkzeug 11: Retrospektiven Werkzeug 12: Teachbacks Werkzeug 13: Lunch and Learn	

Das Ziel der 13 Beschreibungen ist, dass Sie beginnen können, damit zu arbeiten und zu experimentieren.

! **Digitale Extras**

Sie finden diese Tabelle als digitales Extra auch auf mybook.haufe.de.

Die Beschreibungen der einzelnen Werkzeuge folgen dieser Struktur:
- Kurzvorstellung des Besprechungsformats
- Detaillierte Beschreibung des Vorgehens
- Visualisierung zum jeweiligen Werkzeug
- Praxisbeispiele

Jedes Werkzeug erhält zudem ein Icon (siehe oben), sodass Sie beim Lesen das jeweilige Werkzeug schnell einem der Meetingtypen zuordnen und sich einfach orientieren können.

Tipp: Berücksichtigen Sie bitte, dass sich die hier vorgestellten Werkzeuge möglicherweise nicht rein über das Lesen erlernen lassen. Es ist wichtig, dass Sie sich die Werkzeuge darüber hinaus in der Praxis erarbeiten – gemeinsam mit Ihren Kolleginnen und Kollegen. Übung macht den Meister! Fangen Sie bei nächster Gelegenheit damit an!

10.1 Werkzeuge als befreiende Strukturen

Die Werkzeuge, die ich Ihnen in diesem Kapitel für Ihre Besprechungen und Meetings ans Herz lege, diese Werkzeuge sind nicht irgendwelche Werkzeuge, es sind Werkzeuge, die sich in der Praxis der selbstorganisierten und häufig crossfunktional arbeitenden Teams bewährt haben und ein über den konkreten Zweck hinausgehendes Ziel verfolgen:

Die Werkzeuge unterstützen (fast alle) eine Struktur im Unternehmen, die die
- **Beteiligung und das Engagement der Teilnehmenden fördert,**
- **wirkliche Co-Kreation ermöglicht und**
- **die Weisheit der Gruppe nutzt.**

Dieser Ansatz stützt sich auf das Konzept der »Liberating Structures«, das der französisch-US-amerikanische Ingenieur und Manager Henri Lipmanowicz und der Organisationsentwickler Keith McCandless entwickelt haben.

Die beiden unterscheiden in ihrem Buch »The Surprising Power of Liberating Structures« zwischen verschiedenen Strukturen, die menschliche Zusammenarbeit bewusst oder unbewusst beeinflussen. Die Autoren unterscheiden zunächst zwischen Makro- und Mikrostrukturen sowie strukturellen Elementen – jeweils in einer sichtbaren und einer unsichtbaren Variante.

Makrostrukturen sind immer vorhandene langfristig wirkende Elemente, die sich wenig und langsam verändern und nur schwer aktiv verändern lassen. Bespiele: das Gebäude, in dem wir zusammenkommen; grundlegende Prozesse im Unternehmen.

Mikrostrukturen definieren die beiden Autoren wie folgt:

> »Es sind die kleinen Strukturen, die wir routinemäßig auswählen, um uns bei der Interaktion oder der Arbeit mit anderen Menschen zu helfen. Sie können leicht von einem Ereignis zum anderen oder sogar im Moment verändert werden.«[10] (Lipmanowicz & McCandless, The Surprising Power of Liberating Structures, 6 %; Übersetzung aus dem Englischen durch den Autor).

Beispiele sind der Besprechungsraum, Formatbausteine wie eine Retrospektive oder eine Präsentation.

Strukturelle Elemente sind Dinge wie die Art des Tisches im Besprechungsraum oder die Anordnung der Personen und Stühle.

Mikrostrukturen. Uns interessieren hier vor allem die Mikrostrukturen – das sind z. B. auch die folgenden Werkzeuge –, diese können leicht verändert und angepasst werden.

- Mikrostrukturen können Aktionen und Verhaltensweisen in einer Gruppe ermöglichen oder eben auch beschränken.
- Mikrostrukturen beeinflussen Handlungen, Entscheidungen und Ergebnisse eines jeden Meetings.

10 »They are the small structures that we select routinely to help us interact or work with other people. They can be changed easily from one event to another or even in the moment.« (6 %)

Zeitverschwendung: Konventionelle Mikrostrukturen. Die konventionellen Mikrostrukturen, in denen wir häufig arbeiten, sind uns oft nicht bewusst. Man macht es halt so, weil man es schon immer so gemacht hat und noch nie wirklich darüber nachgedacht hat, dass es vielleicht auch anders gehen könnte.

Das Urteil der beiden Autoren über diese konventionellen Mikrostrukturen – das kann zum Beispiel eine Präsentation mit anschließender, offener Diskussion sein – fällt wenig schmeichelhaft aus:

> »Sie sind gewaltige Zeitfresser. In vielen Organisationen verbringen Menschen, insbesondere Führungskräfte, eine enorme Zeit damit, Powerpoint-Präsentationen passiv zuzuhören. Das war vor Jahrzehnten noch unvermeidlich, aber jetzt nicht mehr. Mit den heutigen Kommunikationstechnologien ist es möglich, Informationen sehr effektiv zu teilen, ohne dass sich die Menschen im gleichen physischen Raum befinden müssen.«[11] (Lipmanowicz & McCandless, The Surprising Power of Liberating Structures, 9 %, Übersetzung aus dem Englischen durch den Autor)

Lipmanowicz und McCandless nutzen zwei Kriterien, um Mikrostrukturen in Zusammenkünften zu beurteilen:

- **Die Art der Kontrolle der Inhalte:** Diese kann zwischen einer verteilten Kontrolle und einer zentralisierten Kontrolle schwanken. (vertikale Achse)
- **Die Anzahl der beteiligten Personen**, die Informationen austauschen, Entscheidungen treffen, Prozesse leiten. Im Extremfall kann dies lediglich eine Person sein, oder eben alle in der Besprechung anwesenden Personen. (horizontale Achse)

11 »They are huge time wasters. In many organizations, people, and leaders in particular, spend an enormous amount of time passively listening to PowerPoint presentations. This was unavoidable decades ago but not anymore. Current communication technologies make it possible to share information very effectively without people having to be in the same physical space.« (9 %)

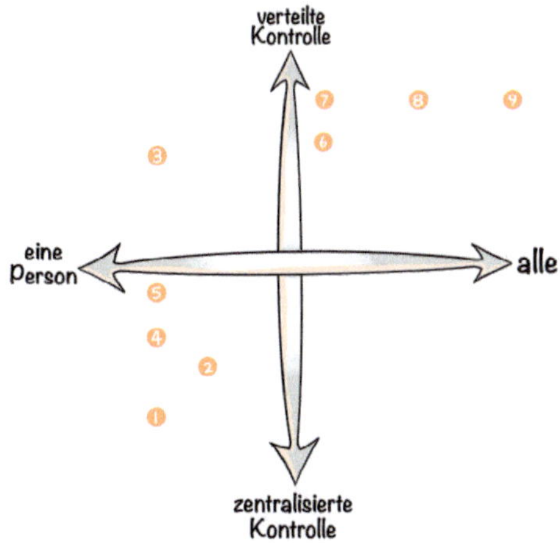

Abb. 6: Einteilung der im Buch vorgestellten Werkzeuge

• Präsentation	1
• Moderierte Diskussion	2
• Unstrukturierte Diskussion	3
• Lunch and Learn	4
• Teachback	5
• Check-in, Check-out	6
• Spiegeln	7
• Stand-up, Tactical Meetings	8
• Treiberzusammenfassung • Gemeinsame Vorschlagserarbeitung • Retrospektive • Gemeinsame Entscheidungsfindung • Klärungsmeeting	9

Die Visualisierung zeigt, dass z. B. die Präsentation in Form eines Vortrags oder Referats (siehe auch Kapitel 10.2) sich auf einer Seite dieser beiden Kriterien befindet, der fern der Bereiche ist, wo es um gemeinsame Kontrolle und Beteiligung geht. Eine

Präsentation ist eine extreme Form von zentralisiertem Inhalt und geringer Kontrolle der Anwesenden.

10.2 Sonderfall: Die Präsentation

Nicht zu den Werkzeugen, die ich empfehle, zählt die Präsentation (mehr dazu unten). Da aber in vielen Organisationen Präsentationen – vor allem unter Einsatz von PowerPoint – standardmäßig Teil der Besprechungen sind, führt kein Weg an diesem Thema vorbei. Und sicherlich, es besteht immer wieder die Notwendigkeit, etwas zu präsentieren:

- Das kann im Rahmen von taktischen Besprechungen der Fall sein, wenn ein Thema ausführlicher erklärt werden muss, oder wenn es darum geht, Informationen zu synchronisieren.
- Eine Präsentation kann in kollaborativen Besprechungen ein hilfreiches Tool sein, wenn es darum geht, einen Vorschlag vorzustellen, über den in der Folge abgestimmt werden soll.
- Die Präsentation ist bei Lern- & Verbesserungsmeetings ein gutes Tool, wenn es darum geht, Inhalte vielen Menschen gleichzeitig zu vermitteln.

Was ist eine Präsentation? Sucht man in der deutschen Wikipedia, kommt Überraschendes zutage: Es gibt keinen Artikel zum Begriff Präsentation, jedoch wird auf Artikel zu verwandten Begriffen verwiesen, die dem, was ich unter Präsentation verstehe, nahekommen:

- **Die Rede**: »Eine Rede ist eine in der Regel im Voraus überlegte, mündliche Mitteilung, die von einem Redner an mehrere Personen (Zuhörerschaft, bei öffentlichen Reden Publikum) gerichtet wird.« (https://de.wikipedia.org/wiki/Rede)
- **Das Referat**: »Ein Referat ist ein Vortrag über ein Thema, der in einer begrenzten Zeit (je nach Kontext etwa 10–45 Minuten) gehalten wird. Die häufigsten Formen sind mündliche Berichte, Fachvorträge bei Tagungen, Kurzreferate bei Seminaren oder Übungsreferate in der Schule.« (https://de.wikipedia.org/wiki/Referat_(Vortrag))

Sicherlich gibt es Situationen, für die eine Präsentation oder eine Rede das richtige Format sind. (Für den Meetingtyp 4 trifft das z. B. zu, siehe Kapitel 10.14 und 10.15, Werkzeug 12 und 13).

Allerdings sehe ich diese Formate kritisch, denn nach meiner Erfahrung haben Präsentation, Referat und Rede zwei Sachen gemeinsam: Der Inhalt ist zentralisiert und die Kontrolle der Anwesenden sehr gering (siehe dazu die Kriterien von Lipmanowicz und McCandless in Kapitel 10.1, Mikrostruktur).

Unerwünschte Nebeneffekte. Eine Präsentation mag einen Nutzen haben, aber auch einige unerwünschte Nebeneffekte: »Ihre Nützlichkeit wird jedoch durch schwer oder gar nicht zu vermeidende Nebeneffekte eingeschränkt, wie z. B. unbeteiligte Teilnehmer oder Zuhörer, übermäßige Machtdynamik und Konkurrenz um Aufmerksamkeit, anwesende Körper, aber abwesende Köpfe.«[12] (Lipmanowicz & McCandless, The Surprising Power of Liberating Structures, 7 %; Übersetzung aus dem Englischen durch den Autor).

Ich vermute, dass auch Sie diesen Nebeneffekt schon zu spüren bekommen haben. Und dieser Effekt ist eben keiner, der großartige Besprechungen auszeichnet. Dennoch kann es Situationen geben, in welchen Sie ganz bewusst die Präsentation als Mittel einsetzen möchten.

Es wird auch in Zukunft einen Raum geben für die herkömmliche Präsentation von Inhalten. Die Präsentation ist auch Teil von zwei Werkzeugen (Teachbacks und Lunch and Learn), die ich vorstelle.

So funktioniert es im Detail

- Meiner Meinung nach sollte die reine Präsentation im Rahmen einer Besprechung zeitlich nicht länger als 10–15 Minuten dauern.
- Zudem sollte sie Teil eines größeren Formats sein, das die anderen Anwesenden stärker mit einbindet.

Fazit. Die reine Präsentation ist, wenn den Zuhörenden oder Zusehenden kein aktives Zutun ermöglicht wird und sie nicht involviert sind, eine der ineffektivsten Formen des Lernens. Aus diesem Grund gibt es auch in vielen professionell organisierten Veranstaltungen wie den TED-Talks oder 12 minutes.me eine Zeitbeschränkung der Präsentationen.

12 »Their usefulness, however, is limited by side effects that are difficult or impossible to avoid, such as unengaged participants or audiences, excessive power dynamics, and competition for attention, bodies present but minds absent.« (7 %).

10.3 Werkzeug 1: Tactical Meetings

Das Werkzeug Tactical Meeting stammt aus dem Organisationssystem der Holakratie. Es hat den Zweck, einem bestehenden Team in einem eng getakteten und strikten Format einen konzentrierten Abgleich und Austausch verschiedener für das Team relevanter Informationen zu ermöglichen.

Achtung: »Tactical Meeting« ist der Name des Werkzeuges und nicht die gleichlautende Kategorie »Taktisches Meeting« (siehe dazu Kapitel 6.4.1).

In einem Tactical Meeting werden regelmäßig bestimmte Daten und Zahlen und auch aktuell relevante Informationen besprochen. Im Gegensatz zum Baustein Stand-up ist ein Tactical Meeting breiter angelegt und nicht lediglich auf ein Projekt oder einen sogenannten Sprint fokussiert.

Das Werkzeug baut auf dem Konzept verschiedener Rollen im Team auf. Ähnliche Aufgaben werden als Rollen zusammengefasst.

- Eine Person übernimmt eine oder mehrere der Rollen. Teams, die ohne Rollen arbeiten, können das Format modifiziert nutzen.
- Ein Tactical Meeting schafft Übersicht und legt gegebenenfalls nächste Schritte fest. (Es dient nicht der Bearbeitung komplexer Themen.)
- Durch die Struktur des Meetingformats können Sie kleine Themen schnell abhaken und größere herausfiltern, um sie anschließend mit einem anderen Werkzeug zu bearbeiten.
- Es bietet sich an, diese Besprechung regelmäßig, z. B. einmal alle zwei Wochen, durchzuführen. Den für Sie passenden Rhythmus werden Sie nach ein paar Versuchen herausfinden.

So funktioniert es im Detail

Zwei Teile: Das Format besteht aus zwei Teilen. Im ersten Teil verschafft sich das Team einen Überblick zum aktuellen Stand mittels festgelegter Kennzahlen und teilt aktuelle Informationen hinsichtlich wichtiger Änderungen im Vergleich zum letzten Meeting. Hier dreht sich alles um Zahlen, Daten und Fakten sowie um kurze Updates zu wiederkehrenden Aufgaben und Projekten. Im zweiten Teil er- und bearbeitet die Gruppe eine dynamische, vorher nicht festgelegte Agenda von kleinen Themen.

Rollen: Ein Tactical Meeting setzt zwingend zwei Besprechungsrollen voraus:

- Der Facilitator kümmert sich um die Moderation der Besprechung sowie um die Einhaltung des Prozesses und der Zeit.
- Der Sekretär dokumentiert alles in Echtzeit.

Aus meiner Erfahrung in Kundenprojekten und bei *creaffective* weiß ich, dass sich ein Tactical Meeting zu Beginn sehr strikt anfühlt – es braucht etwas Zeit, bis man sich daran gewöhnt hat –, gleichzeitig ist das strenge Format eine der großen Stärken des Werkzeugs.

Achtung: In einem Tactical Meeting geht es darum, die Zeit aller Anwesenden so effizient wie möglich zu nutzen und die Gruppe nicht mit für nur wenige Personen relevante Details aufzuhalten.

Teil 1: Daten und Updates in 15 bis 20 Minuten

Den zeitlichen Aufwand des ersten Teils kann man gut abschätzen, sobald man ihn einmal durchgeführt hat. Versuchen Sie den zeitlichen Rahmen schlank zu halten und auf 15 bis 20 Minuten zu begrenzen. Die nachfolgenden Punkte werden entweder wöchentlich, vierzehntägig oder monatlich im Tactical Meeting behandelt. Sinn und Zweck ist es, regelmäßig ein Bewusstsein für die Daten zu schaffen und gegebenenfalls Handlungsschritte daraus abzuleiten.

Metrics. Mit Metrics werden zentrale Aspekte des Teams, der Abteilung oder des gesamten Unternehmens gemessen, ähnlich den KPI (Key Performance Indicators). Zu den Metrics können z. B. Umsatzzahlen, Auftragseingänge oder Visits auf der Website gehören.

Für das Tactical Meeting ist es wichtig, dass alle Zahlen an einem zentralen Ort, also in einem Ordner, vielleicht sogar in einer Tabelle oder auf einer Softwareplattform einsehbar sind. So können alle auf die Zahlen sofort zugreifen und verlieren keine wertvolle Zeit mit der Suche.

Die Metrics werden im Meeting nur kurz vorgestellt – möglicherweise von einer Person, die diese Aufgabe als Rolle übernommen hat. Kurze Rückfragen sind erlaubt, eine Diskussion hingegen nicht, zumindest nicht im Teil 1 des »Tacticals«. Wenn jemand einen Punkt diskutieren möchte, passiert das in Teil 2. Alternativ kann man festlegen, dass sich alle die Metrics vor dem Meeting anschauen, um diese Zeit im

Tactical einzusparen. Reaktionen auf die Metrics können dann als Agendapunkte in Teil 2 eingebracht werden.

Projektupdates. Hier geht es um den Stand der aktuell laufenden Projekte des Teams. Ist der Leiter eines Projekts anwesend, sollte die Information auch von ihm kommen.

Die Gruppe geht der Reihe nach eine Übersicht der relevanten Projekte durch. Zum Projekt geben die Verantwortlichen ein kurzes (!) inhaltliches Update, sofern sich seit dem letzten Meeting etwas getan hat. Gibt es nichts Neues, sagt man »Kein Update«. Diese Aussage muss nicht weiter ausgeführt werden. Auch hier gilt: Wenn jemand Gesprächsbedarf hat, kann er in Teil 2 des Meetings einen eigenen Agendapunkt einbringen.

Damit diese Projektupdates schnell funktionieren, brauchen Sie eine Übersicht aller Projekte. Der Zugriff auf diese Liste sollte ebenfalls schnell möglich sein.

Checklistreview. In jedem Team gibt es wiederkehrende Aufgaben, die erledigt werden müssen, damit die Zusammenarbeit reibungslos läuft. Im Tactical Meeting werden die zuvor definierten Aufgaben mittels einer Checkliste kurz abgefragt – wie im Flugzeug vor dem Start.

> Dies können zum Beispiel wöchentliche Aufgaben wie »Wochenplanung erstellt«, »Produktmarketingtext aktualisiert« oder »Reisekosten eingereicht« sein.

Der Facilitator geht dazu die Liste wiederkehrender Aufgaben durch und jeder bzw. jede Teilnehmende sagt reihum »Check« oder »No Check«. Es gilt dasselbe Prinzip wie bei den beiden vorigen Punkten: Hat jemand Gesprächsbedarf, wird das Thema als Agendapunkt in den zweiten Teil geschoben. An dieser Stelle wird nicht diskutiert.

Teil 2: Flexible Agenda in maximal 40 Minuten

Hier verlangt die zeitliche Planung etwas mehr Erfahrung, da die Anzahl der Punkte auf der Agenda von der Anzahl der Teilnehmenden und der Häufigkeit der Tactical Meetings abhängt. Ideal ist es, wenn Sie die Dauer von Teil 2 auf 40 Minuten beschränken. Durch das strikte Format des Tactical Meetings können trotzdem in 30 Minuten Bearbeitungszeit gut 10 bis 15 Themen bearbeitet werden. Dieser Teil gliedert sich noch einmal in einige Unterschritte:

Schritt 1: Agenda erstellen. Die Gruppe erstellt eine Agenda »on the fly«. Damit ist gemeint, dass vorher nicht festgelegt ist, welche Themen bearbeitet werden. Reihum hat jeder die Gelegenheit, Themen einzubringen. Der *Sekretär* hält vorerst nur einen kurzen Titel fest. Der Titel muss nicht aussagekräftig oder präzise sein, er dient lediglich als Platzhalter in der Agenda und als Erinnerung für die Person, die das Thema einbringen möchte. Der *Facilitator* fragt solange reihum, wer einen Punkt für die Agenda einbringen will, bis es keine weiteren Punkte mehr gibt.

Hilfreich ist es, wenn alle Teilnehmenden sich bereits vorher schon mal Gedanken gemacht haben, ob sie Punkte für die Agenda haben.

> Wir nutzen hierzu eine Onlineplattform mit einem Kanban-System. Dort haben wir einen eigenen Kanban nur für Tactical Meetings, in das jeder seine Themen bereits im Verlauf der Woche »einkippen« kann. Aufgrund der Vorbereitung ist die Agenda in der Besprechung rasch erstellt.

Schritt 2: Zeitlichen Rahmen setzen. Ein durchschnittlicher Agendapunkt wird – bei einer sehr strikten, auf Effizienz getrimmten Moderation – 1 bis 2 Minuten dauern. So können Sie den gesamten Zeitbedarf ungefähr abschätzen. Bei Zeitüberschreitung gibt es zwei Optionen: Sie schieben die übrigen Themen ins nächste Tactical Meeting, oder Sie hängen 5 bis 10 Minuten an, um die letzten Punkte abzuschließen.

Schritt 3: Agendapunkte abarbeiten. Nun werden die zuvor generierten Agendapunkte abgearbeitet. Es gilt die Reihenfolge, wie sie vom Sekretär festgehalten wurde. Oder der Facilitator fragt zu Beginn, ob jemand einen Punkt priorisieren möchte. Manchmal kann es auch thematisch sinnvoll sein, mit einem bestimmten Thema zu starten. Alle Punkte werden bearbeitet.

Jeder Agendapunkt wird vom Facilitator eingeleitet mit dem Satz: »Aus welcher Rolle sprichst du, und was brauchst du vom Team oder Kreis?« Die Formulierung können Sie für Ihren Kontext anpassen.

Was derjenige, der den Agendapunkt einbringt, vom Team oder Kreis anfordern kann, wird begrenzt durch die drei möglichen Ergebnisse des Tactical Meetings:

Ergebnis 1: Informationen erhalten. Sie benötigen – aus welchen Gründen auch immer – Informationen zu einem Thema.

- Wissen Sie schon, wer die Informationen einbringen kann, dann sprechen Sie diese Person in ihrer Rolle oder Funktion an.
- Wissen Sie nicht, wer die Information geben kann, fragen Sie die Gruppe. Die Formulierung lautet dann z. B.: »Ich spreche aus der Rolle des Artikelschreibers und möchte Informationen einholen. Ich möchte wissen, welche Texte in den nächsten zwei Wochen von euch voraussichtlich fertig gestellt werden.«

Die Personen, die über die Informationen verfügen, teilen sie Ihnen mit.

Der Facilitator sollte danach fragen: »Hast du damit bekommen, was du brauchst?« Bleibt etwas unklar, starten Sie dennoch keine Detaildiskussion. Besteht aufgrund der erhaltenen Information weiterer Gesprächsbedarf, können Sie entweder einen neuen Agendapunkt einbringen und diesen gegebenenfalls priorisieren, oder Sie klären das Thema nach dem Meeting bilateral.

Ergebnis 2: Informationen teilen. Hier haben Sie Informationen, die Sie mit anderen Teilnehmenden teilen möchten. Sie prüfen vorher, ob diese Informationen tatsächlich für den Kreis der Anwesenden relevant sind. Geht es um ein Thema, das nur zwei Personen betrifft, klären Sie den Punkt bilateral. Lassen Sie lediglich kurze Verständnisfragen, aber keine Diskussion zum Thema zu. Dafür ist das Tactical Meeting nicht der richtige Rahmen.

Ergebnis 3: Um Zuarbeit bitten. Sie benötigen bei einem Thema Unterstützung von einer oder mehreren Personen aus dem Teilnehmerkreis. Benennen Sie explizit, aus welcher Rolle heraus Sie einen Agendapunkt einbringen und in welcher Rolle oder Funktion Sie den anderen Teilnehmenden ansprechen.

- Benötigen Sie die Zuarbeit des Marketings, sprechen Sie Verantwortliche aus dem Marketing an.
- Gibt es niemanden, der für die Art der Arbeit verantwortlich (oder qualifiziert) ist, können Sie zwar um Zuarbeit bitten, diese aber nicht von konkreten Personen verlangen.

Wenn die Situation, dass nicht klar ist, wer für die Zuarbeit zuständig ist, häufiger vorkommt, bringen Sie das Thema außerhalb des Tactical Meetings zur Sprache. Denn in diesem Fall geht es um strukturelle Veränderungen. Die Klärung von Verantwortlichkeiten würde den Rahmen des Tactical Meetings sprengen. Sie gehört in ein kollaboratives Meeting (siehe Kapitel 6.4.2, Meetingtyp 2).

Die Personen, die ihre Zuarbeit signalisiert haben, schreiben sich nun selbst nächste Schritte auf, die es für die Zuarbeit braucht.

Weitere, zu beachtende Punkte

Thema an anderes Meeting übergeben. Stellt sich heraus, dass ein Agendapunkt keinem der genannten drei Ergebnisvarianten eines Taktischen Meetings entspricht, greift das Werkzeug nicht mehr. In diesem Fall übergeben Sie das Thema an ein anderes Meetingformat.

Übersicht behalten. Jeder erledigte Agendapunkt wird abgehakt. Nutzen Sie z. B. ein Kanban-System, wird der Punkt eine Spalte weiter auf »erledigt« geschoben. Der Facilitator schließt immer mit der Frage: »Hast du bekommen, was du brauchst?« Falls die Person, die das Thema eingebracht hat, mit Nein antwortet, kann sie gegebenenfalls ihr Thema genauer beschreiben und die Anfrage wiederholen.

Spontan neue Themen aufnehmen. Wenn neue Themen aufkommen, auch während Sie schon Themen besprechen, können Sie sie auf die Agenda nehmen. Auch diese neuen Themen können nur eines der drei beschriebenen Ergebnisse haben. Wenn ein neuer Agendapunkt inhaltlich direkt an einen gerade behandelten anknüpft, priorisieren Sie das neue Thema und bearbeiten es direkt im Anschluss. So bleibt die Gruppe gedanklich beim Thema.

Dokumentation: Es ist im Tactical Meeting nicht vorgeschrieben, was oder wie dokumentiert wird. Hier können Sie einen für Ihr Team sinnvollen Weg finden.

Bilateral klären, wenn möglich: Damit kein falscher Eindruck entsteht: Alles, was Sie bilateral klären können, sollten Sie bilateral klären und nicht das Tactical Meeting damit belasten. Alles, was Sie auf anderem Wege effizienter klären können, klären Sie auf anderem Wege. Das Tactical Meeting bietet einen Rahmen an, den Sie zur schnellen Synchronisation nutzen können, aber nicht müssen.

Das Tactical Meeting versucht über die strikte Abfolge und Trennung der Agendapunkte Klarheit in Hinblick auf die erwarteten Ergebnisse eines Agendapunkts zu schaffen. Dadurch werden zerfahrene Diskussionen, in denen verschiedene Personen unterschiedliche Ergebnisse haben möchten, verhindert.

10.4 Werkzeug 2: Stand-up-Meeting

Das Werkzeug Stand-up-Meeting kommt ursprünglich aus Scrum, einem Framework zur adaptiven Produktentwicklung.

Das Stand-up dient dazu, sicherzustellen, dass alle Teammitglieder für ihre Arbeit relevante Informationen haben, auch über den Fortschritt von anderen, da dadurch ihre eigene Arbeit beeinflusst werden könnte. Es geht darum, die Arbeit im Team optimal abzustimmen, aufeinander zu reagieren und einen Plan für die nächsten Schritte zu haben. Damit verhindern Sie, dass Leute tagelang vor sich hinarbeiten, obwohl schon längst eine Anpassung notwendig gewesen wäre.

Das Stand-up-Meeting ist normalerweise auf ein konkretes Projekt und die Geschehnisse in einem Projekt fokussiert. (Anders als das Tactical Meeting, das alle laufenden Projekte behandelt.)

Vom Team für das Team. Das Stand-up-Meeting ist für selbstorganisierte Teams entwickelt und erdacht worden. Das heißt, die Teammitglieder sind gleichwertig und führen ein Stand-up durch, um ihre gemeinsame Arbeit zu synchronisieren.

Es geht beim Stand-up nicht darum, einem Chef oder Vorgesetzten den Status der Arbeit darzustellen. Es geht darum, das Team zu unterstützen, die gemeinsame Arbeit gemeinsam besser erledigen zu können. Dies ist wichtig zu beachten für den Charakter des Meetings.

So funktioniert es im Detail

Beim Stand-up ist der Name Programm, die Besprechung findet im Stehen statt. Es sollte maximal 15 Minuten dauern, eine Zeitspanne, die man gut stehen kann.

- Prägnanz und Kürze sind für dieses Werkzeug wichtig, damit es funktioniert.
- Das Team darf nur so groß sein, dass die Zusammenarbeit noch gut funktioniert (siehe Kapitel 8.10, Prinzip 10). Kunden berichteten uns von Stand-up-Meetings mit 30 Leuten, die zwei Stunden dauerten. Das ist nicht Sinn der Sache.

Das Stand-up findet statt vor einem Kanban-System, das die Arbeit des Teams und der einzelnen Teammitglieder visualisiert. Dieses Kanban kann dann im Stand-up gleich aktualisiert werden und es können z. B. Arbeitspakte von »in Bearbeitung« auf »erledigt« geschoben werden.

Drei zentrale Fragen: In einem Stand-up gibt es drei zentrale Fragestellungen, die jeder und jede Teilnehmende der Reihe nach beantwortet:

1. Was habe ich seit dem letzten Stand-up erreicht?
2. Was werde ich heute bzw. in der nächsten Zeit erreichen?
3. Welche Hindernisse sehe ich? Wo brauche ich Hilfe?

Gegebenenfalls kann nun eine Veränderung am Kanban vorgenommen werden. Auch wenn es jemanden im Team gibt, der helfen kann, kann dies nun besprochen und dokumentiert werden.

Facilitator: Auch für ein Stand-up ist es sinnvoll, einen Facilitator zu haben, der das Meeting moderiert. Diese Person kann in einer weiteren Rolle auch am Stand-up teilnehmen.

Scrum Master: Auch sollte es eine Rolle geben, die dafür sorgt, dass dieses Meeting wirklich stattfindet. Im Scrum ist das der Scrum Master. Wenn Teams nicht mit Scrum arbeiten, sollten sie entsprechend eine andere Vorgehensweise finden, um sicherzustellen, dass das Meeting im vereinbarten Rhythmus stattfindet.

Weitere, zu beachtende Punkte

Meeting Rhythmus. Im Scrum heißt das Werkzeug »Daily Stand-up« und findet – wie der Name sagt – täglich statt. Die Annahme für ein Daily Stand-up ist, dass die Fortschritte so rasch vonstattengehen, dass ein täglicher Austausch lohnt. Sollten Sie feststellen, dass das bei Ihnen nicht der Fall ist, passen Sie den Rhythmus an.

> In einer Organisation oder einem Unternehmen, in dem selten alle im Büro vor Ort sind, sondern die meiste Zeit bei Kundinnen und Kunden, ist z. B. eine wöchentliche Frequenz passend.

Zeitlich synchron und asynchron. Gut ist es, das Stand-up live mit allen Teilnehmenden zur gleichen Zeit im gleichen (physischen oder virtuellen) Raum durchzuführen. Das macht manches einfacher.

Was tun, wenn das jedoch nicht möglich ist? Auch hier sind wir wieder ein Beispiel:

> Unsere Terminkalender lassen kaum ein synchrones Stand-up-Meeting zu. Aufgrund von Kundenterminen und sonstiger Zeitplanung schaffen wir es nicht, ein

Zeitfenster dafür zu finden. Daher haben wir nun die Vereinbarung, dass jeder sein Stand-up schriftlich oder als Audionachricht auf unsere Online-Kommunikationsplattform hochlädt bis zum Mittag des ersten Arbeitstages der Woche. Die Kolleginnen und Kollegen haben dann die Möglichkeit, zu kommentieren und zu reagieren. Diese Lösung funktioniert! Wir können den Zweck eines Stand-ups erfüllen, auch wenn es konkret anders abläuft.

Verschachtelte Stand-ups. Der schwedische Scrum-Experte Henrik Kniberg zeigt, wie Großprojekte mithilfe von Kanban Systemen gemanagt werden können (Kniberg, Lean from the Trenches). Er hat dafür ein verschachteltes Daily-Stand-up-Vorgehen entwickelt. Es gibt zuerst ein Stand-up zum Fortschritt des Gesamtprojekts mit einer Übersicht über einzelne Funktionen, die gerade erarbeitet werden. Es schließen sich Stand-ups der einzelnen Funktionsteams an. Bei diesen Stand-ups sind dann auch einzelne Teilnehmende aus dem vorherigen Stand-up mit dabei, die Informationen aus dem Gesamtprojekt gegebenenfalls mit in das Meeting einbringen können. So werden täglich ein Informationsfluss und Reaktionsmöglichkeiten über das gesamte Projekt ermöglicht.

Breiterer Fokus. Ursprünglich in Scrum war das Daily Stand-up auf die Arbeit in einem Sprint mit klaren Sprintzielen fokussiert. Jedoch geht es auch anders. Der Fokus kann geweitet werden. Das Stand-up-Meeting mausert sich zu einem Synchronisationsmeeting. Das Ziel ist, dass alle im Team wissen, wer gerade woran arbeitet, welche Fortschritte gemacht wurden und wo Hindernisse aufgetaucht sind. Das ist so ähnlich, wie wir es von *creaffective* – einmal pro Woche – durchführen.

Cargo Kult: Weiterhin gilt die Annahme, es gibt so viele Veränderungen in der Arbeit, dass die Synchronisierung für das Team sinnvoll ist. Was ist, wenn das nicht zutrifft? Ein Konzernvertreter hat mir einmal entnervt berichtet, dass es im Konzern nun en vogue sei, Stand-ups durchzuführen und alle Bereiche nun angehalten wurden, entsprechend mitzumachen. Er ist unter anderem für die interne Hauspost zuständig. Die Antwort auf die obigen drei Fragen aller Teilnehmenden lautete jeden Tag »1. Post verteilt. 2. Post verteilen. 3. Keine«. Verständlicherweise hat sich bei einigen Menschen, die täglich zu derartigen Stand-ups gezwungen wurden, einiges an Aggression aufgestaut. In diesem Fall handelte es sich um ein Symptom von Cargo Kult, das Durchführen eine Methode, indem man die sichtbaren Aspekte der Methoden nachahmt, ohne Sinn und Zweck zu kennen.

10.5 Werkzeug 3: Treiberformulierungen

Gruppen verwenden den Meetingtyp kollaborative Besprechung, um Lösungsmöglichkeiten zu einer Fragestellung gemeinsam zu erarbeiten und dann eine Entscheidung zu treffen, welche der Lösungsmöglichkeiten umgesetzt werden soll.

Klärung: Doch zunächst gilt es zu klären: Wie lautet die Frage, für die wir Lösungen erarbeiten wollen? Um was geht es eigentlich genau?

Dass diese Klärung zu Beginn sehr wichtig ist, wurde mir durch die Arbeit in selbstorganisierten Systemen – wie bei *creaffective* – und mit unserer Kundschaft sehr deutlich: Denn es herrscht oft zu wenig Klarheit hinsichtlich der Frage, um was es eigentlich *genau* geht und für was *genau* eine Lösung gesucht wird.

Besonders offensichtlich ist das bei Themen, die die Zusammenarbeit oder Koordination zwischen Personen und Teams berühren. Man spürt irgendwie ein Unwohlsein bei der Zusammenarbeit. Aber was genau das Problem ist, bleibt unklar. Für was soll dann eine Lösung gesucht werden?

Handlungsanlass präzise fassen: Hier setzt das Werkzeug der Treiberformulierung bzw. Treiberzusammenfassung an, das aus der sozialen Technologie für effektive Kollaboration Sociocracy 3.0 stammt. Das Werkzeug dient dazu, den tatsächlichen Handlungsanlass, also das, was uns antreibt oder umtreibt, präzise zu fassen.

Mit der exakten Beschreibung des Treibers wird allen Beteiligten klar, wie die Situation aktuell ist und warum die Gruppe eine Veränderung herbeiführen möchte. Wenn dieses gemeinsame Verständnis hergestellt ist, dann hat die Gruppe eine gute Grundlage für alle weiteren Schritte.

Das Werkzeug ist sehr hilfreich für alle Formen von Meetings, in denen Entscheidungen getroffen werden oder Entscheidungen vorbereitet werden sollen.

Das Werkzeug Treiberformulierung stammt aus der Selbstorganisation. Es ermöglicht jedem Mitglied einer Organisation, auf organisationsrelevante Spannungen zu reagieren und diese so zu formulieren, dass die Organisation diese adressieren kann.

Die 4 Schritte der Treiberformulierung

Eine Treiberzusammenfassung ist immer der erste Schritt für kollaborative Meetings. Basierend auf der Treiberzusammenfassung können dann Lösungen entwickelt und Entscheidungen getroffen werden. Eine gute Treiberzusammenfassung enthält vier Schritte, die im Folgenden anhand eines simplen Beispiels aus dem Büroalltag demonstriert wird.

Schritt 1: Was beobachten wir? Beispiel: Unser Team bestellt oft gemeinsam das Mittagessen bei einem Lieferservice. Bisher passierte das spontan am Vormittag, wenn jemand daran denkt und die Initiative ergreift.

Schritt 2: Was ist der Effekt daraus? Beispiel: Der Effekt ist, dass wir viel Zeit und Koordinationsaufwand benötigen, bis klar ist, ob und was wir bestellen und wir eine gemeinsame Bestellung aufgegeben haben, bei der alle Interessenten berücksichtigt wurden.

Schritt 3: Was benötigen wir? Beispiel: Wir brauchen ein klares Vorgehen, wie wir die tägliche Essensbestellung organisieren können.

Schritt 4: Was wäre die Auswirkung davon? Beispiel: Dadurch könnten wir effizienter arbeiten, da wir weniger Arbeitszeit für diese mitunter wichtige Frage der mittäglichen Versorgung benötigen und müssen das Team nicht mit der Organisation des Mittagessens stressen.

So funktioniert es im Detail

Schritt 1: Was beobachten wir? Beschreiben Sie so neutral und objektiv wie möglich die Beobachtung, die Sie machen. Formulieren Sie sie so, dass die Beschreibung auf tatsächlichen Beobachtungen basiert, die andere Menschen ebenso machen könnten. Die Beschreibung soll so wenige Interpretationen wie möglich enthalten. Es geht um eine objektive Beschreibung der Daten und Fakten.

Unabhängig von der individuellen Bewertung der Situation, sollten andere Menschen Ihre Beobachtung nachvollziehen können. Auch jemand, der mit der Situation zufrieden ist und keinerlei Handlungsbedarf sieht, sollte Ihrer Beobachtung zustimmen können.

Zum Kontrast eine Formulierung, die nicht neutral formuliert ist: *»Unser Team bestellt mittags oft gemeinsam Essen bei einem Lieferservice. Jeden Vormittag bricht das totale Chaos aus und alle sind gestresst, bis sich endlich jemand opfert und sich für alle darum kümmert.«*

Schritt 2: Was ist der Effekt daraus? Machen Sie nun Ihre Bewertung klar. Sagen Sie, welches Defizit sich aus dem zuvor Beschriebenen ergibt, und weisen Sie darauf hin, welches Potenzial in der Situation steckt.

Wenn jemand auf die neutrale Situationsbeschreibung sagt »Na und?«, dann geben Sie mit Schritt 2 und Ihrer Bewertung darauf Antwort. Machen Sie deutlich, was Sie zum Handeln motiviert!

Schritt 3: Was benötigen wir? Veranschaulichen Sie in diesem Schritt, in welche Richtung die Entwicklung gehen muss, um zu einer Lösung zu kommen.

Formulieren Sie diesen Schritt einerseits konkret, sodass die Richtung klar wird, anderseits ausreichend offen, dass die Richtung noch keine spezifische Lösung enthält. Eine spezifische Lösung zu entwickeln, ist Aufgabe der Gruppe (siehe Kapitel 10.6, Werkzeug 4) – oder auch mehrere Lösungsvorschläge, über die sie dann auch entscheidet (siehe Kapitel 10.7., Werkzeug 5).

Mit diesem Vorgehen halten Sie einerseits den Raum für unterschiedliche Lösungen offen und beugen andererseits der Gefahr vor, einen Teil der Gruppe mit einer raschen Entscheidung zu verprellen, was später den Prozess blockieren könnte. Ich habe es oft erlebt, dass die Antwort auf die Frage in Schritt 3 »Was benötigen wir?« zu eng formuliert wurde. Die Folge war: Gruppenmitglieder, die die objektive Beschreibung der Umstände als relevant erachtet und Handlungsbedarf gesehen haben, störten sich an der zu spezifischen Lösungsformulierung. Diese Lösung wollten sie, aus welchen Grund auch immer, nicht mittragen.

Schritt 4: Was wäre die Auswirkung? In diesem Schritt wird eine Antwort entwickelt auf die Frage »Und dann?«. Stellen Sie sich vor, dass eine Person, die die bisherigen 3 Schritte kennt, Ihnen diese Frage stellt. Machen Sie in der Antwort klar, warum eine Lösung Mehrwert bringt und worin dieser besteht.

Es kann gut sein, dass die Antwort das (positive) Gegenteil dessen beschreibt, was Sie in Schritt 2 zu der Frage »Was ist der Effekt?« genannt haben.

Beispiel 1: Treiberformulierung eines Versicherungsunternehmens
Schritt 1: Was beobachten wir? Das Versicherungsunternehmen ist ein hierachisch gewachsenes Unternehmen, das sich durch permanente Optimierungen (Prozesse und Technik) in einem eher stabilen Umfeld in der Vergangenheit verändert hat.

Um zukunftig besser und schneller auf die Anforderungen des Marktes reagieren zu können, geht das Unternehmen notwendige Veränderungen an, insbesondere hinsichtlich der Arbeitsform: Zukünftig wird agil gearbeitet in selbstorganisierten crossfunktionalen Teams.

Allerdings werden diese Veränderungen zunächst vorwiegend in Pilotprojekten innerhalb der Projektstrukturen umgesetzt. Sind die Ziele eines Projekts erreicht, steht das Unternehmen vor der Herausforderung, sowohl die Ergebnisse als auch das Team in das herkömmliche hierachische Umfeld zu transferieren.

Die herkömmlichen Prozesse, Strukturen und Rollen und die Prozesse, Strukturen und Rollen der neuen Arbeitsweise passen nicht gut zusammen.

Schritt 2: Was ist der Effekt daraus? Aufgrund der neuen agilen, selbstorganisierten und crossfunktionalen Arbeitsformen versus herkömmlichen und hierarchischen Arbeitsformen entstehen Diskussionen, wie zukünftig Verantwortung wahrgenommen wird, wie geplant und gesteuert werden soll. Es gibt offensichtlich zwei Welten, die getrennt voneinander agieren.

Es besteht die Sorge, dass einerseits die Mitarbeitenden, die zwischen beiden Welten hin- und her wechseln, zwischen diesen zerrieben werden, und dass andererseits das Unternehmen einen deutlichen Mehraufwand (Overhead) betreiben muss, um beide Welten zu bedienen.

Schritt 3: Was benötigen wir? Wir brauchen zusätzliche, offizielle Rahmenbedingungen für das Arbeiten unter den neuen Anforderungen, die sich aus dem agilen Umfeld ergeben.

Schritt 4: Was wäre die Auswirkung? Effektiveres und effizienteres Arbeiten aufgrund klarer Verantwortlichkeiten.

Beispiel 2: Treiberformulierung bei creaffective
Schritt 1: Was beobachten wir? Die Pflege von Bestandskunden und Akquise von Neukunden ist für den Fortbestand des Unternehmens essenziell. Momentan ist nicht ganz klar, was wir diesbezüglich genau von einzelnen Rollen erwarten dürfen und müssen.

Schritt 2: Was ist der Effekt daraus? Die Unklarheit hinsichtlich der Erwartung an die einzelnen Rollen führt dazu, dass einige mehr machen, andere weniger. Teilweise kommt das Gefühl auf, nicht alle bemühen sich nach bestem Wissen und Gewissen. Gleichzeitig wissen manche Personen nicht, was sie genau machen sollen. Gezieltes Coaching und das Teilen von Good Practices ist schwierig, weil wir unsere Akquisepraxis nicht ausreichend definiert haben, um den Fokus auf einzelne, relevante Aspekte richten zu können.

Schritt 3: Was benötigen wir? Wir brauchen eine klar beschriebene Erwartungshaltung der Firma an die einzelnen Mitglieder und Rollen in Bezug auf das Thema Akquise in all seinen Facetten. Verschiedene Ebenen und Aspekte sollten klar definiert und mit gewünschten Ergebnissen versehen sein, damit jeder weiß, was zu leisten ist, und wir danach über Effektivität sprechen können.

Schritt 4: Was wäre die Auswirkung? Darauf aufbauend kann jeder einzelne ein verbindliches Committment abgeben und wir schaffen eine Basis für eine fortlaufende Verbesserung der Praktiken.

Weitere, zu beachtende Punkte
So ausführlich wie nötig, so kurz wie möglich. Sie sehen anhand der beiden Beispiele, dass eine gute Treiberzusammenfassung eine gewisse Ausführlichkeit haben muss, um verständlich zu sein. Sie muss ausreichend Informationen transportieren, damit die betroffenen Personen befähigt sind, Fragen zu stellen und die Relevanz der Treiberformulierung anerkennen zu können. Andererseits soll die Treiberformulierung so kurz wie möglich sein, damit die Gruppe das Thema gut bearbeiten kann und die Formulierung Orientierung bietet und nicht verwirrt.

Sparringpartner. Auch oder gerade der Person, die einen Handlungsbedarf erkannt hat, fällt es manchmal nicht leicht, den Treiber konkret zu benennen. Der Handlungsbedarf speist sich eher aus einem Gefühl, das nicht so einfach in Worte gefasst werden kann. Einen Treiber gut zu formulieren, ist harte Arbeit. Ich empfehle Ihnen, sich im Vorfeld einer kollaborativen Besprechung einen Sparringspartner zu suchen, mit dem Sie Ihre Formulierung auf Verständnis testen können und der Sie gegebenenfalls bei der Überarbeitung unterstützen kann.

Übereinstimmung im Verständnis des Treibers. Ich habe es häufiger erlebt, dass Menschen über das Für und Wider verschiedener Lösungsvorschläge diskutieren und sich nicht einigen können. Oft liegt es dann daran, dass die Lösungsvorschläge auf unterschiedliche Treiber antworten. Das ist jedoch nicht explizit und wird daher auch nicht mehr diskutiert. Eine Einigung ist nicht möglich.

Ob die Parteien aufgrund von Differenzen beim Verständnis des Treibers sich nicht einigen können, bekommen Sie heraus, indem Sie zu Schritt 1 und 2 der Treiberbeschreibung zurückgehen. Eventuell zeigt sich dann, dass sich zwar beide Vorschläge auf ein und dasselbe Schlagwort beziehen, die konkreten Annahmen, was nun genau das Problem ist, jedoch deutlich verschieden sind. Ich habe so eine Situation erlebt, allerdings ging es bei der Entscheidung um viele Millionen Euro.

Mein Tipp: Es lohnt sich, die Treiberzusammenfassung zu Beginn eines jeden kollaborativen Meetings und zu Beginn einer jeden Entscheidungsfindung explizit zu prüfen: Stimmen alle im Verständnis des Treibers überein? Im Idealfall kann die Treiberformulierung vor dem Meeting erfolgen, um dann bereits mit einer Formulierung in die Besprechung starten zu können.

10.6 Werkzeug 4: Vorschlagserarbeitung

Kollaborative Meetings können zwei Formen annehmen. Entweder geht es darum, basierend auf einem Vorschlag, eine Entscheidung zu treffen. Oder es muss erst noch ein Vorschlag gemeinsam erarbeitet werden. Um diesen zweiten Fall geht es bei Werkzeug 4: ein einfacher Prozess, wie eine Gruppe gemeinsam einen Lösungsvorschlag für eine Treiberzusammenfassung erarbeitet. Dazu stelle ich einen vereinfachten Kreativprozess vor, wie wir ihn sonst in ausführlicher Form für die Moderation unserer Innovationsworkshops nutzen.

Ein Kreativprozess bietet auf psychologisch fundierte Art und Weise eine Struktur für Gruppen oder auch Einzelpersonen, um Lösungen für ergebnisoffene Fragen zu entwickeln. So lassen sich für offene Fragen – in kürzerer Zeit und mit höherer Wahrscheinlichkeit – funktionierende Lösungen finden.

Ich treffe für dieses Kapitel die Annahme, dass die Fragestellung so ist, dass es eine Gruppe benötigt, um zu einer tragfähigen Lösung zu kommen. Sollte die Lösung oder der Vorschlag auf eine Treiberzusammenfassung klar und offensichtlich sein, dann können Sie den Vorschlag gleich präsentieren, über den die Gruppe entscheiden kann. In diesem Fall können Sie gleich zu Kapitel 10.7, Werkzeug 5: Konsententscheidung gehen. Liegt ein solcher Vorschlag nicht vor, so sind Sie hier richtig!

Dieser Kreativprozess kommt immer dann zum Einsatz, wenn es sich um Herausforderungen mit offenem Ergebnis handelt. Das bedeutet, dass im Moment noch nicht klar ist, wie eine Lösung auf die Frage aussieht oder was eigentlich genau das Problem ist. Mit Ideenreichtum und Vorstellungskraft muss eine Gruppe mögliche praktikable Lösungen entwickeln.

Beispiele: Themen, die von einem Kreativprozess profitieren

- Wir brauchen einen Weg, um unsere Marke bekannter zu machen.
- Wir suchen eine Lösung, damit unsere Produkte vom Nutzer intuitiver bedient werden können.
- Wir suchen einen Weg, unseren Einkaufsprozess flexibler zu gestalten.
- Es wäre schön, wenn wir unseren Mitarbeitenden flexible Arbeitszeitmodelle anbieten könnten.

- Es wäre schön, wenn wir Betrug bei Onlinetransaktionen verhindern könnten.
- Wir brauchen klarere Regeln der Kommunikation auf unseren Onlineplattformen für das Team.

Das generelle Muster aller Kreativprozesse folgt dem abgebildeten Schema.

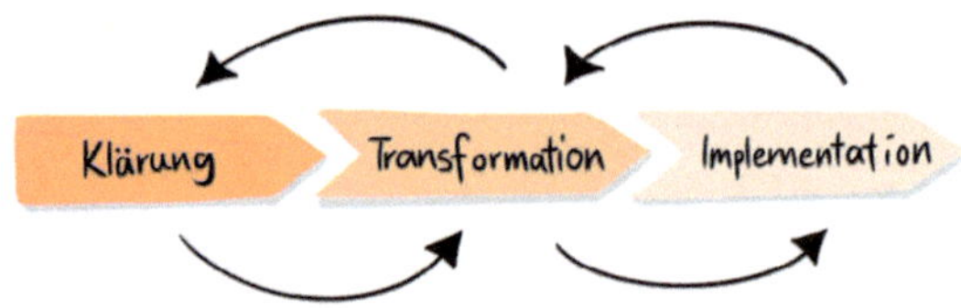

Abb. 7: Grundlegendes Muster für Kreativprozesse

Schritt 1: Klärung – Problem analysieren. Als Erstes müssen Sie verstehen, worum es genau geht. Dies beinhaltet Fragen wie:
- Was genau ist unser Ziel?
- Was möchten wir erreichen?
- Wie gestaltet sich der Hintergrund der Situation?
- Welche relevanten Daten und Fakten können wir dazu sammeln?
- Was genau ist unser Problem?
- Warum können wir es (noch) nicht lösen?

Mein Tipp: Auch wenn es bereits eine Treiberzusammenfassung gibt, ist es wichtig, dass die Gruppe, die Lösungsvorschläge erarbeitet, tiefer in das Thema eintaucht.

Schritt 2: Transformation – Lösung entwickeln. Sobald die Gruppe die Ausgangssituation geklärt und die Frage oder das Problem verstanden hat, geht es darum, Ideen zu entwickeln, wie das Problem – ganz oder in Ansätzen – gelöst werden kann. Das heißt, das Problem wird von Problem zur Lösung transformiert. Dieser Schritt umfasst das Entwickeln von ersten Ideen sowie das Weiterentwickeln der groben Ideenskizzen zu konkreteren Lösungen. Aus einer Vielzahl an möglichen Ideen kristallisiert sich dann eine überschaubare Anzahl an vielversprechenden Optionen heraus.

Schritt 3: Implementation – Umsetzung angehen. Sobald sich machbare Lösungen abzeichnen, geht es darum, dass wir »ins Handeln kommen« und konkrete nächste Schritte festlegen. Diese Schritte können je nach Frage und Kontext bereits spezifische Umsetzungsschritte sein. Es können aber auch Schritte zur weiteren Ausgestaltung und zum Testen von Annahmen sein, die hinter den Lösungskonzepten stehen.

Im Fall eines kollaborativen Meetings geht es darum, einen Vorschlag zu erarbeiten, der konkret genug ist, dass die Gruppe entscheiden kann, ob dieser Vorschlag gangbar ist, um diesen umzusetzen.

So funktioniert es im Detail

Im Folgenden stelle ich Ihnen den Prozess der Vorschlagerarbeitung im Detail vor. Dazu gliedere ich die 3 Schritte Klärung, Transformation, Implementierung in Teilschritte auf. Zudem illustriere ich das Vorgehen mittels eines Beispiels, das auf einer realen Situation bei *creaffective* basiert.

Teilschritt 1.1: Klärung – Das Thema vorstellen. Als Erstes wird das Thema schriftlich vorgestellt. Ich schlage dazu das Werkzeug Treiberzusammenfassung vor. Meist gibt es eine themengebende Person, die die schriftliche Formulierung dazu vorbereitet hat und einbringt (siehe Kapitel 10.5, Werkzeug 3).

Beispiel: Wir verwenden mehrere Kanäle für die interne Kommunikation.

> Wir nutzen momentan für die interne Kommunikation E-Mail, die Kollaborationsplattform Microsoft Teams und eine Projektmanagementsoftware. Wir können nicht immer klar zuordnen, welchen der Kanäle wir wann für welche Information verwenden. Das sorgt für Verwirrung im Team und führt dazu, dass manche Informationen übersehen werden.
>
> Wir brauchen Klarheit, wann wir wo welche Information posten bzw. suchen, damit sichergestellt ist, dass wir effektiv arbeiten und nichts verloren geht oder übersehen wird.

Teilschritt 1.2: Klärung – Zustimmung zum Thema. Bevor mit der Bearbeitung des Themas begonnen wird, muss geprüft werden, ob die Beteiligten die Treiberzusammenfassung überhaupt als relevant betrachten. Dazu fragt der Facilitator, ob die Teilnehmenden die Relevanz des Themas nachvollziehen können und sich in der Beschreibung des Themas wiederfinden. Ist das nicht der Fall, muss die Gruppe mehr Zeit darauf verwenden, eine Formulierung zu finden, die für die Teilnehmenden nachvollziehbar ist.

In unserem Fall war das Thema für alle Beteiligten sehr relevant. Es war also klar, dass wir die Frage bearbeiten mussten.

Teilschritt 1.3: Klärung – Fragen sammeln. Die Gruppe sammelt Fragen zum Thema und notiert sie. Achtung: Alle Fragen sind zulässig, die Perspektive darf noch nicht eingeengt werden! Daher ist es wichtig, dass die Gruppe in diesem Schritt wirklich Fragen sammelt. Die Gruppe soll noch nicht in die Beantwortung oder Ideenfindung springen.

Es gibt zwei Arten von Fragen:

Faktenfragen. Sie dienen dazu, die Situation besser zu verstehen. Sie weisen auf Begrenzungen oder Rahmenbedingungen hin.

Ideenfragen: Das sind offen formulierte Fragen. Sie deuten auf mögliche Lösungen hin und helfen dabei, im nächsten Teilschritt Ideen zu sammeln. Um sicherzustellen, dass die Fragen offen sind und die Gruppe in den »Lösungsmodus« bringen, werden die Ideenfragen mit der Formulierung eingeleitet: »Wie könnten wir …?«

> Wir haben damals all unsere Fragen auf Post-its geschrieben und auf eine Stellwand geklebt.
>
> *Faktenfragen*:
> - Für welche Art von Themen nutzen wir im Moment welche Kanäle?
> - Nach welchen Regeln posten einzelne Teammitglieder in welchem Kanal?
>
> *Ideenfragen*:
> - Wie könnten wir eindeutige Regeln der elektronischen Kommunikation festlegen?
> - Wie könnten wir unsere Themengebiete übersichtlich sortieren?
> - Wie könnten wir sicherstellen, dass wir alle den Überblick behalten?
> - Wie könnten wir dringende Themen kenntlich machen?
> - Wie könnten wir eine angemessene Reaktionszeit sicherstellen?

Teilschritt 1.4: Klärung – Faktenfragen beantworten. Die Gruppe beantwortet als Nächstes die gesammelten Faktenfragen. Der Facilitator moderiert das Vorgehen und fragt Gruppe: »Wer kann eine der Faktenfragen beantworten?« Der Facilitator notiert neben der Faktenfrage die dazugehörende Antwort.

Darüber hinaus können hier auch weitere Daten und Fakten zum Thema gesammelt und notiert werden, auch wenn es hier im Vorfeld keine konkrete Frage gab. Es geht hier allgemein darum, den Hintergrund zum Handlungsanlass zu verstehen.

Beispiele für Faktenfragen und Antworten aus der realen Situation bei *creaffective*:

1. Für welche Art von Themen nutzen wir im Moment welche Kanäle?
   - Wir nutzen E-Mails meist, um externe Themen intern weiterzuleiten, um Dateien zu verschicken und konkrete Arbeitsaufträge an andere zu formulieren.
   - Die meisten Abstimmungen sowie Fragen und Antworten laufen über Microsoft Teams.
   - Diskussionen zu Projekten und einzelnen Arbeitsschritten laufen meist über unser Projektmanagementsoftware, werden aber auch teilweise auf Microsoft Teams geführt.
2. Nach welchen Regeln posten einzelne Teammitglieder in welchem Kanal?
   - Jeder entscheidet nach bestem Wissen und Gewissen, wo was hingehört.
   - Die meisten versuchen, projektbezogene Kommunikation über unsere Projektmanagementsoftware laufen zu lassen. Oft ist jedoch nicht eindeutig zu bestimmen, was projektbezogen ist und was nicht.

Teilschritt 1.5: Klärung – Ideenfragen priorisieren. Aus den zahlreichen Ideenfragen wählen Sie nun die relevantesten aus. Für die Priorisierung erhält jeder ein oder zwei Klebepunkte und heftet sie – gemäß der individuellen Wertung – zu den Fragen. Zudem erklärt jeder kurz, warum die Fragen wichtig sind, um das Ergebnis noch weiter zu priorisieren. Dann bestimmt die Gruppe eine überschaubare Anzahl von drei bis vier Fragen für die nächsten Schritte.

Beispiel: Die ausgewählten Ideenfragen lauteten:

- Wie könnten wir eindeutige Regeln der elektronischen Kommunikation festlegen?
- Wie könnten wir unsere Themengebiete übersichtlich sortieren?
- Wie könnten wir eine angemessene Reaktionszeit sicherstellen?

Teilschritt 2.1: Transformation – Lösungsansätze generieren. In diesem Teilschritt generieren wir nun zu den priorisierten Ideenfragen Lösungsansätze. Die Lösungsansätze sammeln wir unstrukturiert an einem physischen oder digitalen Ort.

In unserem Beispiel haben wir wieder Post-its verwendet und sie auf eine Stellwand geklebt. Mittels Brainstorming haben wir in ca. 20 Minuten über 60 Lösungsansätze entwickelt.

Teilschritt 2.2: Transformation – Vorschlagsersteller festlegen. In diesem Teilschritt geht es um die Frage, wer anschließend den Lösungsvorschlag erstellt. Es stehen zwei Optionen zur Wahl:

Option 1: Alle Beteiligten wählen nun aus den vielen Ideen die für sie interessantesten Ideen aus und stellen sie kurz vor. Basierend auf dieser Auswahl werden Kleingruppen von zwei bis drei Personen gebildet, die aus jeweils einem Lösungsansatz einen Lösungsvorschlag entwickeln. Oder aber, es wird eine Kleingruppe ausgewählt, die einen Vorschlag (nicht mehrere) entwickelt. Ob es ein oder mehrere Vorschläge sein sollten, hängt vom Thema ab. Wenn mehrere Vorschläge entwickelt werden, dann sollten Sie bei der Kleingruppenbildung darauf achten, dass die Ideen, welche die jeweiligen Gruppen mitnehmen, ausreichend trennscharf formuliert werden, so dass die Vorschläge nicht gegenseitig konkurrieren.

Option 2: Zwei oder drei Teammitglieder bewerten die gesammelten Lösungsansätze und erstellen zu den interessantesten jeweils einen Vorschlag. Bei diesem Vorgehen würde die Gesamtgruppe lediglich die Ideen generieren, wäre jedoch nicht mehr an der Auswahl beteiligt.

Welche Option Sie wählen, hängt vom Thema und von der gewünschten Zeiteffizienz ab:

- Option 1 bindet die Ressourcen länger, gibt dafür jedem und jeder Teilnehmenden die Möglichkeit, auszuwählen und Input zu geben.
- Option 1 ist bei delikaten oder emotionalen Themen eine kluge Wahl, da alle Teilnehmenden eingebunden werden. Allerdings wird auch mehr Zeit benötigt.
- Option 2 ist schneller und bindet weniger Ressourcen.
- Option 2 ist bei allen anderen Themen ausreichend: Der Lösungsvorschlag kann ressourcenschonend gleich von einer Kleingruppe formuliert werden.

Teilschritt 2.3: Transformation – Lösungsvorschlag erstellen. Bei *creaffective* wählten die Vorschlagsersteller aus der Menge der zuvor generierten Lösungsansätze die aus ihrer Sicht interessantesten aus und formulierten aus dieser Teilmenge an Ideen einen schlüssigen Vorschlag.

Beispiel: Der Lösungsvorschlag sah folgendermaßen aus:

»Wir bilden unsere gesamte Kommunikation – abgesehen von notwendiger Kommunikation per E-Mail, zum Beispiel mit Externen – über die Plattform Microsoft Teams ab. Dort richten wir sogenannte Teams als thematische Cluster ein. Innerhalb der Themencluster gibt es vordefinierte Kanäle, in denen wir Themen besprechen. Innerhalb der Kanäle nutzen wir sogenannte Threads, um Konversationen übersichtlich beisammen zu haben.

Wenn es ein größeres Thema gibt, das in einem Chatverlauf untergehen würde, erstellen wir dafür im jeweiligen Team einen eigenen Kanal, in dem das Thema im Detail besprochen werden kann. Ist ein Thema abgeschlossen, können alle Teilnehmenden den Kanal aus ihren Favoriten entfernen.

Die Backlogs bilden wir in entsprechenden Kanälen mit dem »Planner« (Kanban-Darstellung von Aufgaben als Kärtchen), Beschlüsse und Rollenbeschreibungen bilden wir in den Wikis der entsprechenden Kanäle ab. Alle Teammitglieder sind angehalten, mindestens einmal pro Tag auf die Plattform zu schauen und sich zu beteiligen. Die Kommunikation im Kanal »Anfrage« ist als dringend eingestuft und soll innerhalb von 24 Stunden beantwortet werden.

Für einen Vorschlag der ersten Struktur der Teams und Kanäle siehe den Anhang[13].

Nach der Implementierung des Lösungsvorschlags haben wir einen Reviewtermin angesetzt und folgende Beurteilungskriterien entwickelt:

- Finden wir durch diese Struktur wichtige Themen wieder, bis sie abgeschlossen sind?
- Haben wir ausreichend Übersicht?
- Nimmt die Anzahl an temporär erstellten Kanälen überhand?
- Fehlen wichtige dauerhafte Teams oder Kanäle?

Review-Datum: 15. August 2018.«

13 Hierbei handelt es sich um einen internen Anhang, den ich für dieses Beispiel nicht darstelle.

Teilschritt 3.1: Implementierung – Vorschlag entscheiden. Danach wird über den Vorschlag entschieden und dieser gegebenenfalls modifiziert. (Wie der Prozess der Entscheidungsfindung gesteuert werden kann, lesen Sie in 10.5 und 10.6.)

Weitere, zu beachtende Punkte

Trennung von divergierendem und konvergierendem Denken. Alle Prozessbeteiligten arbeiten mit der grundlegenden und bewussten Trennung der zwei Denkphasen der Kreativität. Vereinfacht gesagt: Die Entwicklung von Lösungsvorschlägen wird strikt von der Bewertung der Vorschläge getrennt. Zuerst werden Ideen entwickelt. Dann werden sie bewertet (siehe Kapitel 8.5, Prinzip 5).

Schrittweises Vorgehen. Im Gegensatz zu einer unstrukturierten Diskussion geht ein Kreativprozess schrittweise vor. Die Gruppe springt nicht ständig zwischen den Schritten hin und her, sondern sie kann bei einem Schritt bleiben und diesen erst einmal zu Ende führen, bevor sie zum nächsten Schritt übergeht. In unstrukturierten Diskussionen passiert es ständig, dass die Gruppenmitglieder gedanklich von der Problemanalyse zur Ideenfindung und zurück wechseln. Das ist jedoch kontraproduktiv und soll vermieden werden.

Flexibilität im Prozess. Der Kreativprozess gibt einen sinnvollen Ablauf vor, der sich bewährt hat. Doch in manchen Fällen müssen Sie gar nicht den kompletten Prozess von Beginn an durchlaufen, sondern können weiter hinten im Prozess einsteigen. So ist es denkbar, dass Sie das Problem bereits gut verstanden und benannt haben und demzufolge gleich mit der Transformation beginnen.

10.7 Werkzeug 5: Konsententscheidung

Der Zweck kollaborativer Besprechungen besteht darin, Entscheidungen zu treffen. Dazu stehen unterschiedliche Werkzeuge zu Verfügung. In diesem Kapitel stelle ich Ihnen das Werkzeug »Konsententscheidung« vor. Das Verfahren hat sich im Kontext von selbstorganisierten Gruppen entwickelt und wird in agil arbeitenden Organisationen häufig eingesetzt. (Im nachfolgenden Kapitel 10.8, Werkzeug 6 gehe ich auf weitere gebräuchliche Werkzeuge zur Entscheidungsfindung ein.)

Das Werkzeug »Konsententscheidung« ist geeignet für eine Gruppe von Gleichberechtigten, die gemeinsam eine Entscheidung treffen möchten, die Auswirkungen auf alle hat.

Die Konsententscheidung hilft, zügig zu entscheiden, obwohl – oder gerade weil – nicht alle Beteiligten derselben Meinung sind bzw. sein müssen. So bleibt die Gruppe handlungsfähig.

Mein Tipp: Die Konsententscheidung ist meiner Meinung und Erfahrung nach *das* Verfahren der Wahl für Gruppen, die eine Entscheidung treffen müssen. Es benötigt etwas Übung. Und manche Menschen müssen ihre Haltung verändern. Aber hat sich erstmal eine Routine entwickelt, kann sich die Schnelligkeit des Prozesses als auch die Qualität der Ergebnisse dramatisch positiv verändern.

So funktioniert es im Detail
Konsent ist das Gegenteil von Konsens. Die Gruppe fragt, ob jemand einen begründeten Einwand gegen einen Vorschlag hat und ihm deshalb nicht zustimmen kann. Ein Vorschlag muss gut genug für den Moment, sicher genug für einen Versuch sein. Mit der Grundhaltung, dass Vorschläge angenommen werden, wenn es keinen berechtigten Einwand gibt, können wir leichter Entscheidungen mittragen, auch wenn wir selbst die Entscheidung vielleicht leicht anders getroffen hätten.

Differenzierung: Im Konsentverfahren wird unterschieden zwischen Einwand und Bedenken.

Bedenken zu haben bedeutet, dass der Vorschlag noch nicht ganz rund ist und sich jemand nicht ganz sicher ist, wie gut die Umsetzung funktionieren wird. Bedenken halten einen Vorschlag jedoch nicht auf! Die vielen hauptberuflichen Bedenkenträger, die es in vielen Unternehmen gibt, dürfen ihre Bedenken zwar nach wie vor mit sich herumtragen. Die Bedenken halten jedoch einen Vorschlag nicht auf.

Einen **Einwand** haben heißt, jemand kann einen Grund nennen, warum die Annahme eines Vorschlags zu Konsequenzen führen würde, die die Gruppe vermeiden möchte. Ein begründeter und für die Gruppe nachvollziehbarer Einwand führt dazu, dass der Vorschlag so verändert werden muss, dass der Einwand nicht mehr besteht.

Auf den ersten Blick klingt das, als sei der Einwand ein wenig wie ein Veto. Der Unterschied ist, dass ein Vetorecht meist nur Menschen in bestimmten Positionen haben. Außerdem muss ein Veto *nicht* begründet werden und auch *nicht* nachvollziehbar oder gar schlüssig sein. Es reicht, dass die Person, die ein Vetorecht hat, davon Gebrauch macht.

Auf das Argument kommt es an! Beim Konsent liegt die Autorität im schlüssigen Argument. Wenn jemand ein nachvollziehbares Argument hat, dann muss der Vorschlag angepasst werden. Das ist das zentrale Kriterium im Konsent. Die Autorität liegt im begründeten Argument. Egal von wem in der Besprechung dieses Argument kommt.

Übersicht: Der Prozess der Konsententscheidung

- Schritt 1: Treiber vorstellen
- Schritt 2: Vorschlag vorstellen
- Schritt 3: Verständnisfragen klären
- Schritt 4: Reaktionen hören
- Schritt 5: Vorschlag anpassen
- Schritt 6: Vorschlag auf potenzielle Einwände prüfen
- Schritt 7: Potenzielle Einwände validieren
- Schritt 8: Validierten Einwand integrieren
- Schritt 9: Beschluss feiern

Schritt 1: Treiber vorstellen. Meine Empfehlung ist, für Schritt 1 das in Kapitel 10.5 vorgestellte Werkzeug 3 Treiberformulierung zu verwenden. Der zuvor formulierte Treiber wird der Gruppe vorgestellt und hinsichtlich seiner Relevanz geprüft. Die Gruppe wird gefragt, ob der Treiber nachvollziehbar ist, oder ob es Fragen zum Treiber gibt. Ist der Treiber unklar formuliert, muss nachgebessert werden, bis der Treiber für alle nachvollziehbar ist.

Ist hinsichtlich des Treibers alles geklärt, kann im nächsten Schritt ein Vorschlag präsentiert werden, wie die Gruppe den Treiber lösen kann. Ist der Treiber von Relevanz, wird mit der Gruppe ein Vorschlag erarbeitet. Dazu kann das in Kapitel 10.6 vorgestellte Werkzeug 4 »Vorschlagserarbeitung« eingesetzt werden.

Schritt 2: Vorschlag vorstellen. Der Vorschlaggeber präsentiert seinen Vorschlag, der sich auf den Treiber bezieht. Wie der Vorschlag erarbeitet wurde, ob alleine oder im Team, spielt für den Prozess keine Rolle. Der Vorschlag sollte auf jeden Fall schriftlich vorliegen. Dieses Dokument liest der Vorschlaggeber vor.

Je nach Thema können Vorschläge nur wenige Zeilen umfassen oder sehr ausführlich sein und mehrere Seiten umfassen. In diesem Fall bietet es sich an, den Vorschlag den Teilnehmenden der Besprechung vorab zur Verfügung zu stellen und sie zu bitten, den Text durchzulesen. Bei sehr langen Texten reicht es womöglich nicht, wenn die Teilnehmenden der Besprechung diesen in der Besprechung zum ersten Mal sehen.

Als Beispiel für den Prozess der Konsententscheidung finden Sie im Folgenden die Absprache zur Einführung eines individuellen Weiterbildungsbudgets, das jeder und jede Mitarbeitende erhalten soll, um so eigenständig seine Fortbildungen auszuwählen. Der Vorschlag dazu sieht wie folgt aus:

> »Das individuelle Weiterbildungsbudget (Zeit und Geld) jedes Mitarbeitenden wird anhand der Arbeitsstunden pro Woche festgelegt. Dazu nutzen wir einen festen Berechnungsschlüssel (siehe Anhang). Für einen 40-Stunden-Vertrag ergeben sich daraus 2.000 Euro und 4 Tage pro Jahr.«

Schritt 3: Verständnisfragen klären. Jeder und jede Teilnehmende hat nun die Gelegenheit, Verständnisfragen zu stellen, allerdings einzeln und der Reihe nach, nicht als Diskussion. Dazu ruft der Facilitator reihum jeden namentlich auf und prüft, ob es Verständnisfragen gibt. Kann der Vorschlaggeber keine Antwort geben, bleibt die Frage offen. Es ist völlig legitim, wenn der Vorschlaggeber eine Frage nicht beantworten kann.

Nachfolgendes Beispiel zeigt zwei mögliche Verständnisfragen auf:

- Frage: »Zählen zu den Wochenarbeitsstunden auch Überstunden?«
  Antwort: »Nein, es sollen explizit keine Überstunden hineingerechnet werden. Sie sind schwer vorhersehbar, und es wäre purer Zufall, wer in großen Projekten mit vielen Überstunden steckt und wer nicht.«
- Frage: »Wäre es möglich, das Budget von einem Jahr in das nächste mitzunehmen, sollte es nicht ausgeschöpft werden?«
  Antwort: »Ja, das sollte möglich sein. So könnte auch für eine teurere Aus- oder Weiterbildung gespart werden. Jedoch nur bis zum 31. Dezember des zweiten Jahres. Dann verfällt das restliche Budget.«

Für den Facilitator ist hier wichtig zu wissen, eine Verständnisfrage von einer Reaktion zu trennen. Bei einer Verständnisfrage geht es nicht darum zu sagen, ob jemand den Vorschlag nun gut oder nicht so gut findet. Viele Menschen kombinieren ihre Verständnisfragen mit Bedenken und Reaktionen, sie tun sich schwer dies zu trennen. Für das Vorgehen ist diese Differenzierung jedoch wichtig. Reaktionen und Bedenken werden eigens behandelt.

Schritt 4: Reaktionen hören. Dieser Schritt bietet einen geschützten Rahmen für jeden Teilnehmenden, um seine Stimmung kundzutun. Dazu gibt es keine Form, jeder kann sich äußern, wie er es für richtig hält. Wichtig ist lediglich, dass sich keiner rechtfertigen muss für seine Reaktion und das Reaktionen ebenfalls nicht diskutiert werden und die anderen nicht auf vorherige Reaktionen aufspringen sollten.

Beispiel: Reaktionen könnten wie folgt aussehen:
- Person 1: »Ich finde den Vorschlag gut, es fühlt sich stimmig an, gerade das Übertragen des Budgets ins nächste Jahr.«
- Person 2: »Ich weiß nicht ... Ich finde es irgendwie nicht gut, dass mein Kollege nur noch Fortbildungen im kleinen Stil machen kann, weil er nach der Elternzeit seine Arbeitszeit auf 20 Wochenstunden reduziert hat.«

Schritt 5: Vorschlag anpassen. Dem Vorschlaggeber steht es in diesem Schritt frei, Aspekte in den Vorschlag aufzunehmen, die in der Reaktionsrunde geäußert wurden und die er als sinnvoll ansieht. Er kann auf Bedenken und Einwände, die in der Reaktionsrunde gefallen sind, Bezug nehmen. Er kann ebenso den Vorschlag unverändert lassen.

> Zur Integrierung der Einwände wurde mit folgender Ergänzung der ursprüngliche Vorschlag angepasst:
>
> »Das persönlich ermittelte Weiterbildungsbudget kann in das nächste Kalenderjahr mitgenommen werden, sollte es nicht verbraucht sein. Es verfällt jedoch zum 31. Dezember des zweiten Jahres.«

Schritt 6: Vorschlag auf potenzielle Einwände prüfen. Nun kommt der eigentliche Konsententscheid. Sofern nicht alle Teilnehmenden mit dem Vorgehen vertraut sind, erklärt der Facilitator die drei Handzeichen und die Prüffrage (siehe unten). Achtung: Es geht nicht um Zustimmung, sondern um die Frage, ob es *potenzielle Einwände* gibt, die einen Vorschlag aufhalten könnten.

Der Facilitator stellt die folgende Checkfrage:

Checkfrage: »Hat jemand potenzielle Einwände gegen den Vorschlag? Wird die Annahme des Vorschlags zu Konsequenzen führen, die wir vermeiden möchten?«

Potenzielle Einwände: Die Formulierung lautet bewusst *potenzielle Einwände*, da die Einwände erst im Anschluss von der Gruppe qualifiziert werden.

Kommando: Auf das Kommando des Facilitators (er zählt bis drei: »Eins, zwei, drei.«) geben alle gleichzeitig eines der drei abgebildeten Handzeichen:

Handzeichen 1: Daumen nach oben. Sie haben keine Bedenken und keine Einwände.	
Handzeichen 2: Flache Hand, Handfläche nach unten, wackelt von rechts nach links. Sie haben Bedenken. • Sie beantworten die Checkfrage mit Nein. • Sie sind aber in einigen Punkten anderer Meinung oder sehen bestimmte Aspekte anders. • Der Vorschlag an sich ist »gut genug für den Moment, sicher genug für einen Versuch«. • Sie meinen, der Vorschlag kann ausprobiert werden. • Ein Bedenken hält den Vorschlag nicht auf. • Das Bedenken wird protokolliert oder auch bearbeitet – je nachdem wie viele potenzielle Einwände es zu bearbeiten gibt.	
Handzeichen 3: Flache Hand, Handfläche nach oben. Sie haben einen potenziellen Einwand. • Sie beantworten die Checkfrage mit Ja. • Sie haben einen triftigen Grund vorzubringen. • Sie wollen Schaden bzw. unerwünschte Konsequenzen von der Gruppe abwenden.	

Einwand ist ein Geschenk: Die Handgeste hat eine sinnbildliche Ebene. Die nach oben geöffneter Handfläche reicht den Einwand wie ein Geschenk an die Gruppe weiter. Denn ein valider Einwand ist die Chance, Schaden von der Gruppe abzuwenden. Die Haltung der Einwendenden ist positiv: Er möchte im Sinne des Großen und Ganzen Schaden von der Gruppe abwenden und die Qualität der Entscheidung verbessern.

Handzeichen 1 und 2: Sie sind für die Annahme des Vorschlags nicht hinderlich.

Handzeichen 3: Jeden vorgebrachten Einwand muss die Gruppe anhören. Wie das vor sich geht, beschreibt der folgende Schritt.

Schritt 7: Potenzielle Einwände validieren. Bei diesem Schritt sind Fingerspitzengefühl, eine gute Auffassungsgabe und ein wenig Erfahrung seitens des Facilitators gefragt. Menschen tendieren manchmal dazu, ein Bedenken als Einwand zu verpacken. Auf Nachfrage stellt sich dann jedoch schnell heraus, dass es sich lediglich um ein Bedenken handelt. Es ist nur zu menschlich, wenn die Gruppenmitglieder ihre Meinung vertreten. Doch die Stärke der Konsententscheidung liegt genau darin, dass zügig Entscheidungen getroffen werden. Daher gilt es, die Gruppenmitglieder immer daran zu erinnern, dass die Entscheidungen im Sinne des großen Ganzen getroffen werden sollen – und weniger aus egoistischen oder firmenpolitischen Motiven.

Wenn es nun also einen potenziellen Einwand gibt, bittet der Facilitator den Einwandgeber, diesen vorzutragen: »Wie lautet dein potenzieller Einwand gegen den Vorschlag? Wie wird deiner Auffassung nach die Annahme des Vorschlags zu Konsequenzen führen, die wir vermeiden möchten?«

Checkfrage: Diese Frage wird ganz bewusst so gestellt. Es ist denkbar, dass die Annahme eines Vorschlags zu negativen Konsequenzen führt, die Vorteile aus dieser Entscheidung jedoch die negativen Konsequenzen überwiegen. In diesem Fall wäre es also durchaus denkbar, einen Vorschlag anzunehmen, auch wenn dieser nicht frei von Nebenwirkungen ist. Ich erlebe es auch immer wieder, dass die, die den potenziellen Einwand vortragen, ihren Satz mit den Worten beginnen: »Also Schaden gibt es keinen …« Die Formulierung ist dann meist ein guter Hinweis, dass es sich wohl eher um ein Bedenken handelt als um einen Einwand.

Folgefrage: Die Folgefrage des Facilitators lautet dann: »Könnten wir den Vorschlag einmal ausprobieren?« Wenn dann die Antwort beginnt mit »Ausprobieren könnten wir das schon, aber …«, dann handelt es sich fast immer um ein Bedenken.

Der Facilitator kann in diesem Fall direkt nachhaken und fragen, ob es sich bei dem Einwand nicht eher um ein Bedenken handelt. Oft kann man den Prozess hier bereits beenden, weil es sich nicht um einen Einwand handelt.

> Beispiel: Der Einwand lautete damals wie folgt:
>
> »Ich habe laut Vertrag nur zehn Wochenstunden. Das würde laut dem Schlüssel bedeuten, dass ich 500 Euro Budget und einen Fortbildungstag pro Jahr bekomme. Das kann ich so nicht nutzen, da es keine Fortbildungsmöglichkeit in dieser

Preiskategorie gibt. Selbst wenn ich die Budgetübertragung ins nächste Jahr nutze, stehen mir nur 1000 Euro zu. Das reicht aber auch nicht.«

Folgefrage: Der Facilitator kann nun konkret nachfragen, worin der Schaden oder die unerwünschten Konsequenzen für das Team besteht. »Ich sehe den konkreten Schaden darin, dass einige Teilzeitmitarbeitende sich nicht fortbilden können und das Unternehmen dadurch weniger Zusatzkompetenzen erwirbt und sich weniger entwickelt.«

Einwände gegen den Einwand: Der Facilitator prüft, ob die Gruppe den Einwand als begründet betrachtet. Die Überprüfung wird eingeleitet mit der Frage: »Gibt es jemanden, der dem soeben vorgebrachten potenziellen Einwand ganz oder teilweise nicht zustimmen kann?« Es wird also nach einem Einwand gegen den Einwand gefragt.

In unserem Beispiel *kann* die Gruppe den Einwand nachvollziehen. Es ist klar, dass der Vorschlag nachgebessert werden muss.

Einwand gegen den Einwand: Meistens gibt es Einwände gegen den Einwand. Besonders bei komplexen Fragen oder wenn das Thema mit Emotionen oder vielen Interessen behaftet ist. Hier sind nun in der Tat etwas Erfahrung und Moderationsgeschick gefragt, um den Prozess gekonnt zu steuern. In diesem Fall bitte ich als Facilitator die Person, die einen Einwand gegen den Einwand hat, diesen vorzutragen. Gegebenenfalls wiederhole ich den Einwand – leicht verändert –, um zu prüfen, ob ich als Facilitator den Einwand richtig verstanden habe.

Validierung des Einwands als Einwand: Das Prozedere »Einwand gegen den Einwand« wird so lange wiederholt, bis die Gruppe den Kern des Einwands verstanden hat und ihn jede und jeder nachvollziehen kann. Damit ist der Einwand qualifiziert und kann bearbeitet werden.

Durch dieses Vorgehen »Einwand gegen den Einwand« entwickelt man ein vertieftes Verständnis des Einwands. Das Vorgehen sollte jedoch nicht mehr als 4 Mal angewandt werden, sonst verliert man die Übersicht und damit das Verständnis. Der Facilitator dokumentiert die Argumente, so dass diese für alle sichtbar sind.

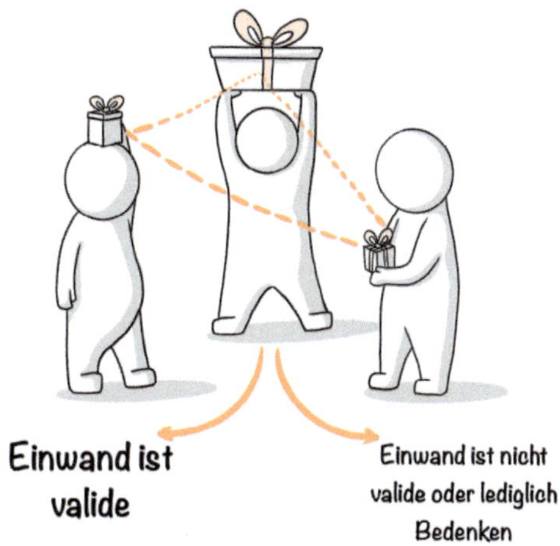

Abb. 8: Mehrere Ebenen der Einwandsprüfung

Schritt 8: Validierte Einwände integrieren. Wenn die Teilnehmenden den Einwand nachvollziehen können, dann kann mit der Integration des Einwands begonnen werden. D. h., der Vorschlag wird nun so abgeändert, dass der Einwand nicht mehr besteht.

Dazu fragt der Facilitator den Vorschlaggeber, ob er den Einwand integrieren kann.

- Findet der Vorschlaggeber einen Weg und ist der Einwand in den Vorschlag integriert, dann kann erneut nach Konsent zum modifizierten Vorschlag gefragt werden.
- Findet der Vorschlaggeber keinen Weg, den Vorschlag zu modifizieren, wird der Einwandgeber gefragt, ob er eine Idee hat, wie sein Einwand integriert werden kann.
- Findet auch der Vorschlaggeber keinen Weg, den Vorschlag zu modifizieren, wird als letzte Möglichkeit die Gruppe gefragt.

Einwandintegration bedeutet, dass die Gruppe eine Erweiterung oder Veränderung des Vorschlags vornimmt, bis der berechtigte Einwand ausgeräumt ist.

> Der ursprüngliche Vorschlag zur Einführung eines individuellen Weiterbildungsbudgets wird zur Integrierung des Einwands wie folgt ergänzt:
> »Minimum für ein individuelles Fortbildungsbudget von Teilzeitmitarbeitenden sind 1.100 Euro und zwei Tage pro Jahr – unabhängig davon, ob dieser Betrag laut Berechnungsschlüssel erreicht wird.«

Wurde der Vorschlag adaptiert, wird noch einmal geprüft, ob es einen Einwand zur Abänderung des Vorschlags gibt. Und schließlich prüft der Facilitator noch einmal den neuen, überarbeiten Gesamtvorschlag auf Einwände:

- Gibt es weitere Einwände, die bisher nicht bearbeitet wurden?
- Gibt es dann immer noch Einwände, wird das Prozedere wiederholt.

Es ist möglich, dass sich die Einwände, die bei der ersten Einwandabfrage erhoben wurden, bereits im Prozess der Integration des ersten Einwands ebenfalls gelöst haben.

Resümee: Ich gebe zu, das Prozedere klingt auf den ersten Blick ziemlich aufwändig. Das trifft aber nur dann zu, wenn es tatsächlich viele Einwände gibt. Meiner Erfahrung nach – und das legen die Rückmeldung von Kundinnen und Teilnehmern von Schulungsmaßnahmen nahe – führt diese Vorgehensweise nach der Konsententscheidung trotzdem deutlich schneller zu Ergebnissen als etwa die übliche Konsenssuche oder andere unstrukturierte Vorgehensweisen (die im folgenden Kapitel 10.8, Werkzeug 6 beschrieben werden).

Zur Gründung eines Industriekonsortiums mit Vertretern und Vertreterinnen von über 30 beteiligten Unternehmen, das ich moderiert habe, hatte eines der initiierenden Unternehmen einen Entwurf für das Gründungsdokument vorbereitet. Allen Vertreterinnen und Vertretern war das Dokument vorab zugeschickt worden, um es dann in einem moderierten Workshop zu verabschieden. Angesetzt waren 1,5 Tage für den Workshop, basierend auf anderen ähnlichen Prozessen. Zum ehrlichen Erstaunen aller waren wir nach 2,5 Stunden fertig. Das Dokument war verabschiedet. Die restliche Zeit konnte zur Bearbeitung erster operativer Fragen genutzt werden.

Schritt 9: Beschluss feiern. Bei diesem Schritt handelt es sich um eine gemeinschaftliche Geste. Wir freuen uns und zeigen uns gegenseitige Wertschätzung und Anerkennung dafür, dass wir gemeinsam eine Lösung gefunden haben, dem keine Einwände entgegenstehen. Wenn nun noch Zeit bleibt, können Bedenken adressiert und dokumentiert werden. Wenn zu gegebener Zeit über die Umsetzung der Ergebnisse gesprochen wird, kann die Gruppe prüfen, ob die damaligen Bedenken berechtigt waren und ob das Vorgehen evtl. angepasst und verändert werden sollte.

10.8 Werkzeug 6: Einzelentscheid und weitere Formate zur Entscheidungsfindung

Der Zweck kollaborativer Besprechungen besteht darin, Entscheidungen zu treffen. Dazu stehen unterschiedliche Werkzeuge zu Verfügung. Je nach Situation kann das passende Werkzeug gewählt werden. Üblicherweise kommt in kollaborativen Besprechungen ein Gruppenformat zum Einsatz. Es kann jedoch auch Situationen geben, in denen es besser ist, wenn die Entscheidung von lediglich einer Person getroffen wird. Die Entscheidung wird dann in einer Besprechung kommuniziert.

Überblick: In diesem Kapitel stelle ich 7 verschiedene Werkzeuge zur Entscheidungsfindung vor. Die Entscheidungsverfahren sind:

- Entscheidungsverfahren 1: Einzelentscheid
- Entscheidungsverfahren 2: Konsultativer Einzelentscheid
- Entscheidungsverfahren 3: Konsensentscheidung
- Entscheidungsverfahren 4: Mehrheitswahl
- Entscheidungsverfahren 5: Widerstandsabfrage
- Entscheidungsverfahren 6: Losverfahren

Entscheidungsverfahren 1: Einzelentscheid

Der Name sagt es schon: Die Entscheidung wird von einer Person getroffen. Es setzt voraus, dass diese aufgrund ihrer Position oder Rolle die Entscheidungshoheit hat. Das Vorgehen ist geeignet, wenn die Person, die entscheidet, nah am Problem ist und entsprechendes Fachwissen hat. Mit dem Verfahren können Dinge schnell entschieden und erledigt werden.

In vielen traditionell organisierten Firmen findet dieser Einzelentscheid häufig durch Leitungsfunktion statt. Die Entscheidung wird quasi getroffen. Die Person, die Befugnis zur Entscheidung hat, kann den zur Entscheidung vorgelegten Vorschlag annehmen, ablehnen oder verändern. In vielen Unternehmen ist der Einzelentscheid Standard bei der Entscheidungsfindung.

Das Format setzt voraus, dass die entscheidende Person über die notwendige Kompetenz verfügt, um die Entscheidung zu treffen. Das ist, so meine Erfahrung aus der Arbeit mit unserer Kundschaft, nicht immer der Fall. Die Entscheidung wird standardmäßig von der ranghöchsten Person getroffen bzw. diese Person möchte die Entscheidung treffen oder zumindest das letzte Wort haben. Wie in der heutigen komplexen Welt zu erwarten, ist es für diese Person selbstredend nicht möglich, sich in allen Situationen wirklich auszukennen und entsprechend angemessene Entscheidungen zu treffen. Empfehlenswert ist es daher, wenn der- oder diejenige, der bzw. die die Entscheidung treffen wird, zuvor zumindest andere Personen konsultiert (siehe im Folgenden Entscheidungsverfahren 2).

Entscheidungsverfahren 2: Konsultativer Einzelentscheid
Der konsultative Einzelentscheid ist eine abgewandelte Form eines Einzelentscheids. Eine Gruppe bestimmt oder wählt eine Person, die die Verantwortung übernimmt, eine für alle bindende Entscheidung zu treffen. Dabei gibt es zwei Bedingungen: Die Person muss vor der Entscheidung

- sich über die Sichtweise der Betroffenen informieren und
- Menschen mit relevanter Erfahrung und Expertise hören.

Erst dann trifft die Person eine Entscheidung nach bestem Wissen und Gewissen, die dann für die Gruppe gültig ist.

Bei komplexen Entscheidungen ist dieses Vorgehen effizienter als eine Gruppenentscheidung. Die Annahme ist, dass die gewählte Person in der Lage ist, eine gute Entscheidung zu treffen. Zudem steht nicht von vornherein fest, wer die Entscheidung treffen wird, denn die Gruppe wählt je nach Kontext die Person, die am geeignetsten erscheint.

Entscheidungsverfahren 3: Konsensentscheidung
Die Konsensentscheidung ist ein weit verbreitetes Verfahren, das in vielen Meetings zum Standard gehört. Wie der Name es sagt, wird in einer Gruppe so lange über einen Vorschlag diskutiert und angepasst, bis alle »zufrieden« sind und ihre Zustimmung geben: bis ein Konsens herrscht.

Sie kennen dieses Vorgehen vielleicht aus eigener Erfahrung. Es kann extrem mühsam, langwierig und frustrierend sein, zu einem Punkt zu kommen, an dem alle zustimmen können. Manchmal lohnt es, den Prozess zu durchlaufen, manchmal ist es jedoch schlicht unmöglich, zu einem Ergebnis zu kommen. Beim Konsens kommt es weniger darauf an, aufgrund welcher Kriterien jemand Ja oder Nein sagt. Wichtig ist lediglich, dass alle am Ende Ja sagen.

Aus meiner Sicht gibt es nur wenige Situationen, in denen das Verfahren zum Einsatz kommen sollte. Es ist langwierig und meist desinteressiert an Entscheidungsgründen.

Ich habe größere Gruppen erlebt, die aus lauter Frust aufgrund der Konsens-Suche die Regeln verändert und z. B. die Konsens-minus-drei-Regel eingeführt haben: Ein Vorschlag gilt als angenommen, wenn nicht mehr als drei Personen dagegen sind. Dies wurde schlicht aus der Erkenntnis geboren, dass es ab einer bestimmten Gruppengröße nicht möglich ist, mit vertretbarem Aufwand zu einem Konsens zu kommen.

Entscheidungsverfahren 4: Mehrheitsentscheid

Diese Form der Entscheidung ist Ihnen vermutlich bekannt, kommt sie doch häufig zum Einsatz. Sie ist auch ebenso schnell beschrieben: Welcher Vorschlag auch immer die Mehrheit der Stimmen auf sich vereint, wird umgesetzt.

Es ist möglich, dass Sie lediglich einen Vorschlag präsentieren und prüfen, ob die Mehrheit der Gruppe diesen unterstützt. Oder aber die Gruppe bespricht verschiedene Optionen und es wird dann darüber abgestimmt, welcher Vorschlag die meisten Stimmen erhält.

Es sind auch verschiedene Spielarten denkbar: Gibt es verschiedene Vorschläge, von denen einer gewählt werden muss, dann können die zur Wahl stehenden Vorschläge zuerst konsentiert werden, um zu prüfen, ob es einen Einwand gibt. Alle so veränderten Vorschläge kommen nun ins Rennen und es wird per Mehrheit entschieden, welche(r) am Ende angenommen wird. Auf diese Weise wird sichergestellt, dass kein Vorschlag ins Rennen geht, der der Gruppe schaden würde.

Es gibt Gruppen, die bestimmten Personengruppen für die Mehrheitsentscheidung mehr als eine Stimme zuweisen, beziehungsweise deren Stimmen besonders gewichten.

Wie im Parlament können Sie eine Mindestquote an Stimmen festlegen, die erreicht werden muss, damit die Mehrheit entscheidet. Also einfache Mehrheit oder Zweidrittelmehrheit.

Entscheidungsverfahren 5: Widerstandsabfrage

Anstatt zu prüfen, für welche Option es die größte Zustimmung gibt, wie beim Mehrheitsentscheid, wird bei der Widerstandsabfrage geprüft, für welche Option der

Widerstand am geringsten ist. Dies kann sinnvoll sein, um sehr stark polarisierende Vorschläge auszuschließen.

Sie können in diesem Fall mit einer Skala von 0 bis 9 arbeiten, damit der Grad des Widerstands ausgedrückt werden kann.

- 0 = keinen Widerstand
- 9 = sehr starker Widerstand

Die Widerstandabfrage kann mit der Konsententscheidung (siehe Kapitel 10.7, Werkzeug 5) kombiniert werden. In diesem Fall werden alle Optionen konsentiert, bevor sie in eine Widerstandsabfrage gehen. Das ist von Vorteil, weil es sein kann, dass jemand keinen Einwand gegen einen Vorschlag hat, aber einen Widerstand.

Entscheidungsverfahren 6: Losverfahren

Beim Losverfahren werden alle Vorschläge, über die entschieden werden soll, vorab geprüft, ob sie grundlegende Qualitätskriterien erfüllen. Danach entscheidet das Los, welcher Vorschlag am Ende angenommen wird.

Der Vorteil ist, dass das Vorgehen sehr transparent und fair ist und damit auf wenig Akzeptanzprobleme stößt. Manchen Menschen erscheint das Vorgehen jedoch nicht ausreichend objektiv und seriös.

Beispiel: Dieses Werkzeug kam bei einem großen Industrieunternehmen zum Einsatz, als es um eine Entscheidung über Innovationsprojekte ging. Der Ablauf entsprach dem zuvor beschriebenen. Es wurden zunächst alle Vorschläge geprüft und die, die qualifiziert waren, für das weitere Verfahren freigegeben. Schließlich wurde mittels Los entschieden, wofür die knappen Ressourcen eingesetzt werden sollten. Mit dem Verfahren konnten langwierige Diskussionen beendet und der Prozess der Entscheidungsfindung extrem beschleunigt und vereinfacht werden. Alle Beteiligten waren mit dem Prozess zufrieden.

10.9 Werkzeug 7: Check-in

Das Werkzeug Check-in ist ein kurzes Format. Es wird zu Beginn eines Meetings verwendet, um explizit den Besprechungsteilnehmenden Raum zu geben, der geschützt ist und in dem Gedanken aus- und Themen angesprochen werden können, die sie umtreiben und beschäftigen. Es gibt die Möglichkeit, die momentane Stimmung und Verfassung der anderen Teilnehmenden wahrzunehmen. Zudem lenkt ein Check-in die Aufmerksamkeit auf das anstehende Meeting und hilft allen, konzentriert in die Besprechung zu starten. Mit dem Format kann die Gruppe die Basis für ein produktives Meeting und die Offenheit und das Vertrauen der Teilnehmenden untereinander stärken.

Sascha Bilert, Geschäftsführer von sterneundplaneten, hat dazu auf LinkedIn folgenden kurzen Post geschrieben: »Wenn ich nur eine einzige Mini-Sache ändern könnte in jedem Unternehmen? Jedes Meeting fängt mit einem Check-in an und hört mit einem Check-out auf. Wirkt Wunder. Der ganze Transformationskram kommt dann irgendwann wie von alleine …«. Es handelt sich also um ein einfaches Format mit großer Wirkung.

So funktioniert es im Detail
Das Check-in findet zu Beginn der Besprechung statt, wenn alle Teilnehmenden physisch oder virtuell im Raum sind.

- Das Herzstück des Check-in besteht aus einer Frage: »Wie geht es mir heute? Gibt es etwas, das mich davon abhält, heute und hier, voll und ganz präsent zu sein?«
- Die Frage wird vom Moderator eingeleitet.
- Dann hat jeder die Gelegenheit, kurz(!) auf diese Frage einzugehen.

Wenn alle Teilnehmenden eingecheckt sind, geht es mit den inhaltlichen Punkten des Meetings los. Ein Check-in dauert bei Gruppen mit 5 bis 10 Teilnehmenden circa 5 Minuten.

Das Check-in kann bei vielen der in diesem Kapitel 10 vorgestellten Werkzeuge als Einleitung genutzt werden. Bei manchen empfiehlt sich das jedoch nicht, wie zum Beispiel bei Werkzeug 2: Bei einem 15-minütigen Stand-up würde ich persönlich vorab kein Check-in durchführen – möglich ist es dennoch.

Beispiel: Check-in im Homeoffice. Ich habe kürzlich einen mehrtägigen Design Sprint moderiert. Das Meeting fand virtuell statt, die Teilnehmenden waren zu Hause. Gerade in einer Homeoffice-Situation zu Corona-Zeiten kann es viele Faktoren geben, die jemanden davon abhalten, voll und ganz präsent zu sein. Das kurze

Check-in zu Beginn des Tages hat allen Beteiligten geholfen, die Lage der weiteren Teilnehmenden jeweils besser einschätzen und sich darauf einstellen zu können.

Weitere, zu beachtende Punkte

Sprechreihenfolge: Für Gruppen, die mit dem Format noch unerfahren sind, empfiehlt es sich einfach reihum zu gehen und jeden Teilnehmenden einchecken zu lassen. Geübte Gruppen können einen Timer auf 5 Minuten stellen. Die Sprechreihenfolge ist offen. Wer den Impuls hat, etwas zu sagen, legt los. Bei dieser Variante kann es immer mal wieder zu Phasen des Schweigens kommen. Je nach Unternehmenskultur und Vertrautheit der Gruppe untereinander ist das für manche Menschen ungewohnt und sogar unangenehm.

Eine offene Variante empfiehlt sich für große Gruppen. Hier muss dann nicht jeder sprechen. Nur die sprechen, die den Impuls haben und etwas teilen möchten.

Bei der Frage bleiben: Wichtig ist beim Check-in, dass der Raum zum Ankommen geschützt bleibt und gewahrt wird. Achten Sie darauf, dass die Teilnehmenden die Frage beantworten und nicht bereits in Themen des Meetings einsteigen.

Nicht reagieren, nicht diskutieren: Ganz wichtig ist, dass sich alle zurückhalten und dem, der spricht, Raum lassen. Die Aussagen werden nicht kommentiert oder diskutiert, auch Späßchen sind nicht erwünscht. Diese fälschlicherweise als »natürlich« verstandenen Impulse haben keine Berechtigung in diesem Raum. Jeder Teilnehmende hat seine Check-in-Zeit. Dann geht es zur nächsten teilnehmenden Person. Sollte im Check-in ein Thema aufkommen, bei dem die Gruppe Klärungsbedarf hat und mehr Zeit braucht, so wird das Thema im geeigneten Rahmen nach dem Check-in diskutiert.

Frage variieren: Ich nutze meist die oben aufgeführte Frage für das Format. Es ist aber möglich, die Frage zu variieren, solange der Charakter des Check-in gewahrt bleibt. Je nach Anlass und Charakter des Meetings könnte die Frage auch lauten:

- »Was bringt dich heute hier her?«
- »Auf was freust du dich heute? Gibt es etwas, dem du mit Sorge entgegenblickst?«
- »Was bewegt dich gerade?«

Nicht sprechen: Es mag auch Teilnehmende geben, die aus irgendeinem Grund nichts sagen möchten. Auch das sollten Sie respektieren. Im offenen Format wird die Person entsprechend einfach nichts sagen. In der Variante, dass alle Teilnehmenden nacheinander sprechen, kann diese Person einfach »Ich passe!« oder »Weiter!« sagen.

10.10 Werkzeug 8: Spiegeln

Mit diesem Werkzeug geben die Teammitglieder sich gegenseitig persönlich und direkt strukturierte und wertschätzende konstruktive Rückmeldung. Jeder bekommt »den Spiegel vorgehalten«. Bekanntes wird gespiegelt oder aus anderer Perspektive reflektiert. Unbekanntes kann entdeckt, blinde Flecken können erhellt werden. Es kann um allgemeine Aspekte der Person und ihres Verhaltens gehen und auch um inhaltliche Aspekte der Zusammenarbeit. Dieses Werkzeug ermöglicht es, in kurzer Zeit umfassend Feedback auf strukturierte Art und Weise zu sammeln.

Spiegeln funktioniert hierarchiefrei und kann Menschen helfen, ihr Potenzial besser zu nutzen. Es stärkt das Vertrauen und die soziale Sicherheit im Team. Damit es funktioniert, braucht das Vorgehen jedoch bereits eine gute Vertrauensbasis und die Bereitschaft und Offenheit aller Teilnehmenden, sich darauf einzulassen.

Das Werkzeug sollte unbedingt von einem Moderator angeleitet und strukturiert werden.

So funktioniert es im Detail
Abwesend anwesend: Das Team spiegelt einer einzelnen Person aus dem Kollegenkreis ihre Stärken und Schwächen, indem die Gruppe sich über diese unterhält, als sei sie nicht da. Tatsächlich ist die Person anwesend und lauscht der Unterhaltung. Sie sitzt außerhalb des Gesprächskreises mit dem Rücken zur Gruppe oder hinter einer Art Trennwand, so dass kein Blickkontakt besteht. So wird die Gruppe so wenig wie möglich von ihrer Anwesenheit beeinflusst.

Die Gruppe führt das Gespräch strukturiert in drei Phasen,

- in Phase 1 mit einem positiven Fokus, der das Bisherige wertschätzt,
- in Phase 2 mit einem kritisch-konstruktiven Fokus, der Verbesserungspotenziale aufzeigt.

Schlussphase: Damit Spiegeln funktioniert, gibt es einige Grundsätze, die Sie beachten müssen:

Zeit und Ort. Damit eine vertrauensvolle Atmosphäre entstehen kann, sollten Sie Zeit für das gesamte Team blocken, erfahrungsgemäß 30 bis 40 Minuten pro Person. Lassen Sie währenddessen keinerlei Störungen von außen zu. Ideal ist ein separater

Raum, in dem Sie nicht durch externe Faktoren behindert werden und in dem sich die Gruppe wohlfühlt. Der Zeitpunkt sollte so gewählt sein, dass die Teilnehmenden sich mental auf die Situation einlassen können und den nötigen Fokus mitbringen. Kalkulieren Sie für die beiden Phasen jeweils etwa 10 Minuten – plus weitere 5 bis 10 Minuten für eine gemeinsame Reflexion im Anschluss.

Moderation. Das Werkzeug wird von einem Moderator begleitet und angeleitet. Ein Teammitglied kann die Moderation übernehmen und zugleich am Spiegeln teilnehmen. Der Moderator kann ebenso ein Externer oder eine Externe sein, solange er bzw. sie das Vertrauen der Gruppe besitzt. Der Moderator achtet grob auf die Zeit und leitet mit Hilfe von Triggerfragen den Fokus des Spiegelns ein (siehe unten).

Freiwilligkeit. Spiegeln braucht ein gutes Maß an Grundvertrauen, damit es funktioniert. Dieses können Sie nicht erzwingen. Deshalb ist die Teilnahme am Format freiwillig. Dies gilt besonders für die Person, die gespiegelt wird. Aber auch die Teammitglieder sollten nur dann sprechen, wenn sie dies wirklich wollen.

Wertschätzung ist das Ziel. Beide Phasen des Spiegelns dienen dazu, Kollegen und Kolleginnen bei ihrer eigenen Weiterentwicklung zu unterstützen. Die Haltung ist positiv, auch beim kritisch-konstruktiven Fokus. Es geht nicht darum, der gespiegelten Person kritische Themen, Misserfolge oder negative Vorfälle vorzuhalten.

Die Fragen zum Spiegeln. Während der beiden Phasen des Spiegelns stellt der Moderator Fragen, die den Fokus auf das zu spiegelnde Teammitglied richten. Die Fragen müssen von der Gruppe nicht systematisch beantwortet werden. Sie haben den Zweck, die Gruppe auf die Themen, zu denen Feedback gewünscht ist, einzustimmen.

Fragen für Phase 1. Für die Phase mit positivem Fokus können folgende Fragen genutzt werden:

- Wenn wir an XY denken, was fällt uns Positives an ihr/ihm auf?
- Was inspiriert uns an XY?
- Was können wir von XY lernen?
- In welchen Situationen stehen wir gut im Kontakt mit XY?
- In welchen Situationen können wir uns eine Scheibe abschneiden?

Die Gruppe beantwortet die Fragen so konkret wie möglich und gibt wenn möglich Beispiele.

Fragen für Phase 2. Für die Phase mit dem kritisch-konstruktiven Fokus können Sie folgende Fragen nutzen:

- Wenn wir nun mit kritischem, aber konstruktivem Fokus an die Person denken: Was fällt uns an XY auf?
- Was irritiert uns?
- Wo steht sich XY eventuell selbst im Weg?
- Steht etwas zwischen XY und mir, zum Beispiel ein Konflikt, der unseren Kontakt belastet?

Auch in Phase 2 beantwortet die Gruppe die Fragen so konkret wie möglich und gibt wenn möglich Beispiele. Die Fragen zu der jeweiligen Phase können für alle sichtbar gezeigt werden. So können sich alle immer wieder an ihnen orientieren. Selbstverständlich können Sie die Fragen anpassen oder ergänzen.

Ablauf: Phase 1. Das Teammitglied, das sich spiegeln lässt, verlässt die Gruppe und nimmt außerhalb des Kreises Platz. Es soll das Gespräch der anderen hören können, jedoch ohne direkten Blickkontakt zur Gruppe. Dazu setzt es sich beispielsweise mit dem Rücken zur Gruppe oder verschwindet hinter einer großen Zimmerpflanze. Im virtuellen Kontext sollte die gespiegelte Person die Kamera ausschalten, so dass die anderen sie nicht sehen. Idealerweise hat die Person etwas zum Schreiben zur Hand, um sich Aspekte des Feedbacks notieren zu können. Der Moderator spricht ab jetzt nur noch zur Gruppe. Die Gruppe beginnt mit dem positiven Fokus. Der Moderator lädt alle ein, an das Teammitglied und an konkrete Situationen der Zusammenarbeit zu denken, sowohl in Hinblick auf inhaltliche Themen als auch an persönliche Interaktionen. Die Gruppe beginnt dann ein Gespräch, das sich ganz um die gespiegelte Person dreht. Jede bzw. jeder Teilnehmende des Gruppengesprächs hat dabei die Möglichkeit, eigene Erfahrungen zu schildern. Das Gespräch findet in einem selbstverständlichen Modus statt. Der Moderator kann von Zeit zu Zeit die Inspirationsfragen wiederholen. In der Regel dauert diese erste Phase ca. 10 bis 15 Minuten. Es ist normal, dass zwischen den einzelnen Wortbeiträgen der Teammitglieder immer wieder Pausen entstehen.

Beispiele: Phase 1

- Ich schätze es sehr, wie genau Andrea unsere Texte noch einmal gegenliest, bevor diese veröffentlicht werden. Das stellt eine gute Qualität sicher.
- Ich bewundere die ruhige und gelassene Art von Robert, auch in stressigen Situationen. So wie neulich, als der Kunde kurzfristige Änderungen angefragt hat. Diese Ruhe strahlt auch positiv auf mich ab und hilft mir, mich zu konzentrieren und nicht stressen zu lassen.

Wenn es nichts weiteres mehr zu ergänzen gibt, wechselt die Gruppe in die kritisch-konstruktive Phase.

Ablauf: Phase 2. Auch in der kritisch-konstruktiven Phase stellt der Moderator die Fragen kurz vor und lädt das Team ein zu sprechen. In dieser Phase ist es besonders wichtig, dass der Moderator darauf achtet, dass die Aussagen der Kolleginnen und Kollegen als persönliche Wahrnehmung und nicht als Wahrheiten oder Vorwürfe formuliert sind. Persönliche Wahrnehmungen geben der gespiegelten Person Anhaltspunkte, damit sie unsere Aussagen besser einordnen kann.

Beispiele: Phase 2

- Während der letzten Meetings war Jan oft sehr schweigsam und wenn er gesprochen hat, dann habe ich ihn als ruppig wahrgenommen. Das verwundert mich, auch weil ich nicht weiß, warum er sich so verhält.
- Auf unserer Kommunikationsplattform hat Andrea nun bereits mehrmals nachgefragt, worum es eigentlich geht. Mich irritiert das, weil wir die Konversationen bewusst so strukturieren, dass alle Informationen nachvollziehbar sind, sodass sich jeder einlesen kann, wenn er oder sie nicht da war.

Schlussphase. Sobald alle wichtigen Aussagen ihren Raum bekommen haben und die Zeit vorbei ist, schließt der Moderator die Runde, indem er sich für die Offenheit bedankt. Er lädt die gespiegelte Person ein, in den Kreis zurückzukommen. Das Teammitglied kann nun einige Erkenntnisse mit der gesamten Gruppe teilen. Der Moderator fragt das Teammitglied, wie es ihm geht, ob es Aussagen gab, die bei ihm etwas ausgelöst haben, oder ob es etwas gab, das es überrascht hat. Meistens fällt es einer gespiegelten Person leichter, nach der Rückkehr eine konkrete Ansprechperson zu haben, statt mit der Gesamtgruppe zu sprechen. Der Moderator sollte intervenieren, sobald das Teammitglied dazu übergeht, sich zu rechtfertigen. Das Spiegeln soll zum Reflektieren anregen, weniger zur Diskussion und sicher nicht zur Zuweisung oder Zurückweisung von Schuld.

Es kann sein, dass einzelne Personen nach dem Spiegeln das Bedürfnis haben, konkrete Themen bilateral mit dem betroffenen Teammitglied zu besprechen. Das Format soll genau diese Möglichkeit eröffnen: vertrauensvoll miteinander in Kontakt zu treten. Deshalb bietet es sich an, das Spiegeln zumindest einmal jährlich im Team durchzuführen. Wir bei *creaffective* nutzen dazu unsere Teamtage. Das sind drei- bis viertägige Auszeiten, die wir zweimal pro Jahr durchführen.

10.11 Werkzeug 9: Klärungsmeeting

Ein Klärungsmeeting hilft den Betroffenen in einer emotional geladenen oder herausfordernden Situation, ein tieferes und umfangreicheres Verständnis für die Situation und die Hintergründe zu erlangen. Im Gegensatz zur klassischen Mediation, die eine Lösung für zwei in Konflikt stehende Parteien finden will, wird in einem Klärungsmeeting ein differenzierteres Gesamtbild als Gruppe erarbeitet. Es muss für ein Klärungsmeeting auch nicht unbedingt zu einem Konflikt gekommen sein. Es reicht, wenn jemand im Team sich unwohl fühlt und eine Klärung wünscht. Die Themen, die in einem Klärungsmeeting bearbeitet werden, sind daher meist auch zwischenmenschlicher Natur und nicht operativ-inhaltlicher Art.

Das Klärungsmeeting hilft dabei, Gedankengänge der Menschen, die eine andere Meinung haben, nachzuvollziehen. Ziel ist es nicht, dass danach alle dieselbe Meinung teilen. Das Format hilft jedoch hoffentlich dabei, dass die Beteiligten unterschiedliche Sichtweisen anerkennen. Dank der Akzeptanz aller Perspektiven können dann gemeinsam Lösungen entwickelt werden, die alle herausgearbeiteten Aspekte des Problems in Betracht ziehen. Auf diese Weise kann die Gruppe kreative Lösungswege finden, die auf den ersten Blick nicht offensichtlich waren und dennoch für alle Beteiligten gangbar sind. Dies wiederum verbessert dann die Qualität der Zusammenarbeit der Menschen in einem Team und macht dieses Team damit wiederum produktiver und effektiver.

So funktioniert es im Detail

Ein Klärungsmeeting wird genutzt, wenn Menschen im Team den Eindruck haben, dass die Zusammenarbeit angespannt ist und/oder unausgesprochene Probleme im Raum stehen. Um ein Klärungsmeeting durchzuführen, bedarf es eines gewissen Leidensdrucks, der jemanden zum Handeln motiviert. Es braucht außerdem Eigenverantwortung, sich in einem solchen Fall nicht in eine Opferrolle zurückzuziehen, sondern den Klärungsprozess aktiv anzustoßen. Durch das offene An- und Aussprechen kann vermieden werden, dass sich Spannungen über einen langen Zeitraum aufstauen und damit dann wirklich zu einem Konflikt ausarten.

Beispiele: Anlässe für Klärungsmeetings

- Wir hatten in der Vergangenheit im Team unterschiedliche Bedürfnisse hinsichtlich der Reisetätigkeiten als Berater und der Anerkennung der langen Reisezeiten.

- Mareike ist sich unsicher, wie sich Auszeiten, wie Elternzeit, auf die weitere Zusammenarbeit in der Gruppe auswirken. Sie hat das Gefühl, dass es von anderen im Team nicht gerne gesehen wird, wenn Menschen länger weg sind.
- In einem Team gibt es vier Menschen, die sich alle um Akquise kümmern sollten. Anton, einer der vier, ist unzufrieden, weil sich die vier Personen aus seiner Sicht mit sehr unterschiedlichem Engagement um die Akquise kümmern. Dies führt zu einem Gefühl der Ungerechtigkeit bei ihm.

In einem Klärungsmeeting führt die Gruppe als Gruppe ein moderiertes Gespräch, bei dem jeder zu einem gegebenen Zeitpunkt zu Wort kommt. Jeder hat die Gelegenheit, einmal Dampf abzulassen und Themen anzusprechen. Das Format verläuft jedoch nicht unkontrolliert, sondern folgt einem geregelten Schema und wird moderiert.

Vorbereitung. Die Gruppengröße sollte maximal 15 Teilnehmende nicht überschreiten. Einplanen sollten Sie 2 bis 3 Stunden Zeit.

Das Team benötigt außerdem vier Orte der Dokumentation für unterschiedliche Kategorien von Inhalten. Das können vier Pinnwände sein oder vier Bereiche in einem digitalen Dokument. Dort notiert der Moderator alle Inhalte. Idealerweise kann eine solche Besprechung in einem persönlichen Setting stattfinden. Gerade bei emotionaleren Themen ist es hilfreich, wenn die Menschen sich sehen und alle auch körperlich anwesend sind.

Die Teilnehmenden sitzen in einem Halbkreis mit Blick auf die vier Stellwände. Eine Person in der Rolle des Moderators steht während der gesamten Sitzung und bewegt sich zwischen den Pinnwänden und den Teilnehmenden.

Das Klärungsmeeting kann gut kombiniert werden mit einem kurzen Check-in zu Beginn (siehe Kapitel 10.9, Werkzeug 7). Dann erinnert der Moderator die Teilnehmenden einleitend an seine Funktion und Arbeitsweise.

Moderator als zentrale Anlaufstelle. Der Moderator spielt im Klärungsmeeting eine zentrale Rolle. Alle Gespräche und der gesamte Austausch laufen über diese Rolle. Die Person für den Moderator kann aus dem Team kommen, sollte jedoch von allen als Moderator akzeptiert werden und bei dem Thema ausreichend neutral sein können. Vor allem bei den ersten Versuchen sollten Sie bei der Auswahl des Moderators besonders Sorgfalt walten lassen, um wirklich jemanden zu finden, der die

Neutralität waren kann. Sobald das Team eine gewisse Übung in diesem Format hat, können sich Teammitglieder auch in der Rolle des Moderators abwechseln, sodass alle Personen auch inhaltlich teilnehmen können. Dabei bedarf es großer Klarheit, wer in welchem Moment den Hut des Moderators aufhat. Dies wird dann am besten dadurch signalisiert, dass der aktive Moderator steht.

Koordination der Wortbeiträge. Der Moderator führt und koordiniert das Gespräch mit den Teilnehmenden und ist für jeden Teilnehmenden der einzige Ansprechpartner. Die Teilnehmenden reden nicht untereinander. Dies führt dazu, dass Menschen von anderen Anwesenden in der dritten Person sprechen: »Dominik hat mir die Ergebnisse zu spät zukommen lassen«, sagt beispielsweise eine teilnehmende Person zum Moderator, statt sich direkt an den Kollegen zu wenden.

So vermeidet die Gruppe eine direkte Konfrontation zwischen den Teilnehmenden und möglicherweise eine weitere Eskalation. Bei konfliktgeladenen Themen kann es passieren, dass sich Menschen doch gegenseitig direkt ansprechen und miteinander diskutieren möchten. Hier greift der Moderator sofort aktiv ein und lenkt das Gespräch wieder über sich.

Da der Moderator nur einer Person seine volle Aufmerksamkeit widmen kann, redet beim Klärungsmeeting immer nur eine Person, und zwar dann, wenn der Moderator diese aufruft. Das garantiert die Fairness, denn jeder und jede möchte und wird drankommen. Während die Kollegen und Kolleginnen an der Reihe sind und ihre Perspektiven äußern, machen sich andere gegebenenfalls Notizen. So können sie spontane Einfälle festhalten und dann anbringen, wenn sie selbst an der Reihe sind. Dieses Vorgehen verlangsamt außerdem die Gesprächsgeschwindigkeit, was in diesem Setting ein großer Vorteil ist, weil es kein spontanes und im schlimmsten Fall »schlagfertiges« Reagieren geben kann.

Festhalten aller Aussagen. Der Moderator hält die Beiträge so inhaltsgetreu und wortwörtlich wie möglich auf den vier Sammelcontainern schriftlich fest. Dies ist ein weiterer Grund dafür, warum im Klärungsmeeting immer nur eine Person spricht. Der Moderator arbeitet an vier Pinnwänden und protokolliert in vier Kategorien:

- Daten, Fakten und Wahrnehmungen
- Ideen und Lösungsvorschläge
- Bedenken und Probleme
- offene Fragen

Es sollte immer genügend Schreibfläche für die Dokumentation der Inhalte verfügbar sein, und diese sollte für alle Teilnehmenden während des gesamten Prozesses sichtbar sein. Der Moderator sollte in der Lage sein, schnell, präzise und leserlich die Aussagen der Teilnehmenden mitzuschreiben. Wichtig ist dabei, dass der Moderator nicht nur einzelne Schlagworte festhält, sondern wirklich ganze Sätze schreibt.

> Wir nutzen dafür auch gerne riesige Post-ist, die wir auf die Stellwände kleben. So sind wir im späteren Teil des Prozesses flexibler, die Inhalte zu verschieben.

Wer aktuell den höchsten Leidensdruck verspürt, beginnt damit, dem Moderator sein »Leid zu klagen« und von seinen Wahrnehmungen zu berichten. Der Moderator schreibt alles so inhaltsgetreu wie möglich auf die Pinnwand, in deren Kategorie die Aussage passt. Sollte die sprechende Person nicht mit der ausgewählten Kategorie oder der geschriebenen Aussage einverstanden sein, passt der Moderator diese an. Die Pinnwände gehören den Teilnehmenden – der Moderator ist lediglich Diener der Gruppe.

Der Moderator verallgemeinert und anonymisiert die einzelnen Beiträge. Wenn zum Beispiel Lisa sagt: »Wir haben ein Kommunikationsproblem«, schreibt der Moderator: »Manche haben den Eindruck, dass wir ein Kommunikationsproblem haben.« Er bezieht die Aussage also nicht auf die Person wie: »Lisa meint, wir haben ein Kommunikationsproblem.« So entsteht ein Protokoll, in dem sich alle Aussagen wiederfinden, auch wenn sie komplett unterschiedliche Perspektiven darstellen. Durch die so gewählten Formulierungen ist das Protokoll auch weniger angreifbar. Für den Zweck dieses speziellen Formates ist eine gewisse Unklarheit gewollt.

Der Moderator kann zeitweise die Gesprächsgeschwindigkeit drosseln und nachfragen, ob er das Gesagte richtig verstanden und aufgeschrieben hat. Die Verlangsamung der Diskussion ist im Klärungsmeeting grundsätzlich erwünscht, denn die Entschleunigung führt dazu, dass sich alle Teilnehmenden besser auf neue und gegebenenfalls auch befremdliche Perspektiven einlassen können.

Lösungsorientierung herbeiführen. Die Klärung, die mit diesem Format herbeigeführt werden soll, wird oft schon durch das simple Ansprechen der Themen erreicht. Gleichzeitig geht es auch darum, eine Lösung zu finden. Deshalb fragt der Moderator, wenn eine Person mit der Schilderung der Situation fertig ist: »Wenn es in deiner Hand läge und wenn alles möglich wäre: Wie könnte eine Lösung des Problems aussehen?«

Mit dieser Frage richtet sich die Aufmerksamkeit auf die Zukunft. Die meist intuitive Antwort notiert der Moderator auf der Wand der Ideen und Lösungsvorschläge.

Bei einem »Ich weiß nicht« oder »Keine Ahnung« sollte der Moderator versuchen, zumindest einen Vorschlag herauszukitzeln. Dies schafft er durch Fragen wie: »Wie wäre die Situation in einer idealen Welt? Gibt es eine Notlösung für das Ganze?« Sobald die Person mindestens einen Lösungsansatz hervorgebracht hat, fragt der Moderator in die Runde, wer als Nächstes weitermachen möchte. So verläuft der erste Durchgang, bis jeder und jede mindestens einmal zu Wort gekommen ist.

Ernten der wichtigsten Aussagen. Jeder liest für sich alle Aussagen noch einmal durch und markiert die wichtigsten, ohne dass eine Diskussion startet. Dabei gilt: Alle wählen so wenige Aussagen wie möglich und so viele wie nötig.

Alle gewählten Punkte werden dann gemeinsam kurz besprochen. Jede teilnehmende Person hat kurz die Möglichkeit zu erklären, warum sie diese Aussage ausgewählt hat und warum sie für sie wichtig ist. Es ist wahrscheinlich, dass wir inhaltliche Zusammenhänge zwischen den einzelnen Punkten erkennen. Zum Beispiel können Sie mehrere Aussagen unter der Überschrift »Teamkommunikation«, andere unter der Überschrift »Feedback« und wieder andere unter der Überschrift »Führungsstil« zusammenfassen. Der Moderator hilft uns dabei, die Zusammenhänge zu identifizieren und sichtbar zu machen, etwa mithilfe farblicher Umrandungen oder indem Post-its umgehängt werden. Das Ergebnis ist eine Sammlung der wichtigsten Aussagen aus Sicht der Gruppe.

Reflexion der Aussagen in der Gruppe. Nun leitet der Moderator eine Gruppendiskussion ein, die sich an folgenden Leitfragen orientieren kann:

- Was erkennen wir in diesen Ergebnissen?
- Wo ist unser gemeinsamer Nenner als Gruppe?
- Wo gibt es noch Meinungsverschiedenheiten?
- Gibt es eine Quintessenz? Was braucht es als Nächstes in diesem Prozess?
- Gibt es konkrete Maßnahmen, die wir ableiten können?

Es gibt unterschiedliche Maßnahmen, die sich dabei herauskristallisieren können: ein Verhaltenskodex, Kommunikationsregeln, Kreativprozesse, Folgetermine und anderes mehr.

- *Ableiten eines Verhaltenskodex.* Oft geht es im Klärungsmeeting um das Kommunikationsverhalten im Team. Es kann also hilfreich sein, die erarbeiteten Aspekte als eine Art Verhaltenskodex für das Team festzuhalten und einen Zeitraum zu definieren, in dem getestet wird, ob die Kommunikation reibungsfreier verläuft als zuvor.
- *Kreative Lösungsfindung.* Ein weiteres Ergebnis kann sein, dass sich aus einem anfangs abstrakten und unklaren Problem nun eine konkrete Fragestellung herauskristallisiert. Als nächsten Schritt könnte die Gruppe nun in einen Prozess der Vorschlagserarbeitung (siehe Kapitel 10.6, Werkzeug 4) einsteigen, um konkrete Lösungsvorschläge zu erstellen.

Beispiele für solche Fragen können sein:
- Wie könnten wir mit der aktuellen Überlastung besser umgehen?
- Wie könnte ein alternativer interner Kommunikationskanal zu E-Mails aussehen?
- Wie könnten wir sicherstellen, dass alle Teammitglieder Zugang zu wichtigem Wissen haben?

Terminierung einer Folgebesprechung. Es kann hilfreich sein, einen Folgetermin anzusetzen, bei dem die Runde nochmals als Gruppe reflektiert, ob sich das ursprüngliche Problem gelöst hat oder ob es weiteren Klärungsbedarf gibt.

Check-out. Am Ende des Klärungsmeetings darf sich jeder und jede der Reihe nach äußern, wie es ihm bzw. ihr geht und ob und inwiefern dieses Treffen in seinen/ihren Augen einen Mehrwert hatte. Abschließend bedankt sich der Moderator bei der Gruppe für die Mitarbeit und das Vertrauen. (Siehe auch Kapitel 10.12, Werkzeug 10)

Weitere, zu beachtende Punkte

Dynamik der Inhalte akzeptieren. Es kann sein, dass die Gruppe bei einem Problem startet und mehrere Ecken später bei anderen Themen landet, die mit den ersten Aussagen vermeintlich nichts mehr zu tun haben. Genau solche nicht linearen Entwicklungen und Verknüpfungen wollen wir durch das Werkzeug zeigen und dadurch ein detailliertes Gesamtbild zeichnen.

Ausreichend Zeit einplanen. Dieses Format ist eher langsam und es wichtig, dass Sie ausreichend Zeit einplanen, so dass jeder und jede Teilnehmende an die Reihe kommen kann.

10.12 Werkzeug 10: Check-out

Das Check-out ist eine Art Gegenstück zum Check-in. Ein Check-out wird am Ende eines Meetings verwendet und ganz ähnlich wie beim Check-in bietet es den Teilnehmenden einen geschützten Raum zur Reflexion und Reaktion auf Geschehnisse während der Besprechung.

Es dient dazu, jeder und jedem Teilnehmenden am Ende Raum zu geben, für sich einen Abschluss für das Meeting zu finden und eine Art Stimmungsbild zu geben, wie es ihm bzw. ihr geht und wie er/sie die Besprechung empfunden hat.

Das Format kann dazu beitragen, einen guten Abschluss zu finden und gegebenenfalls ein nachfolgendes Gespräch zu initiieren, für den Fall, dass sich aus einer der Wortmeldungen Gesprächsbedarf ergibt.

So funktioniert es im Detail
Das Check-out funktioniert analog zum Check-in – nur gegen Ende des Meetings.

Der Moderator eröffnet das Check-out mit der Leitfrage: »Wie geht es mir am Ende des Meetings? Gibt es etwas, das mich bewegt oder noch nachwirkt bei mir?« Dann hat jeder die Gelegenheit, kurz auf diese Frage einzugehen.

> Für das Check-out wird meist keine festgelegte Reihenfolge benötigt, sondern es kann mit dem Flow der Gruppe gegangen werden. Die Person, die sich als Erstes berufen fühlt, beginnt. Dann warten alle, bis jede Person an der Reihe war, und das Meeting ist beendet. Das dauert z B. bei sieben Personen 3 bis 4 Minuten.

Ein Check-out kann man grundsätzlich nach jedem Meeting durchführen. Besonders relevant ist das Check-out meiner Meinung nach bei kollaborativen Besprechungen (siehe Kapitel 6.4.2, Meetingtyp 2), bei zwischenmenschlichen Besprechungen (siehe Kapitel 6.4.3, Meetingtyp 3) und generell bei längeren Besprechungen.

Der Einsatz des Check-out sollte im Verhältnis stehen zu dem, was vorher passiert ist.

Weitere, zu beachtende Punkte
Sprechreihenfolge: Bei Besprechungen mit vielen Teilnehmenden wird ein Timer z. B. auf 5 Minuten gestellt. Eine Sprechreihenfolge wird nicht vorgegeben, wer etwas

sagen will, tut es. Ein Hinweis, dass die Beiträge kurz sein sollen, sodass mehrere die Chance auf ein Check-out haben, kann hilfreich sein.

Nicht reagieren und diskutieren: Wie beim Check-in ist das Check-out ein geschützter Raum für jeden Teilnehmenden. Die Aussagen der Teilnehmenden bleiben unkommentiert stehen.

10.13 Werkzeug 11: Retrospektive

Die Retrospektive ist ein einfaches und zugleich wirkungsvolles Werkzeug, mit der ein Team und auch eine ganze Organisation lernen und sich verbessern kann.

Nach einer Besprechung wird der Prozess der Zusammenarbeit in der Besprechung – gewissermaßen die Besprechung auf einer Metaebene – thematisiert. Das Ziel ist, aus den gewonnenen Erkenntnissen für zukünftige Besprechungen zu lernen und sie so kontinuierlich zu verbessern.

So funktioniert es im Detail

Dauer. Für die Retrospektive nach einer üblichen Besprechung kann 10 Minuten veranschlagt werden. Die Retrospektive findet am Ende des Meetings oder direkt im Anschluss statt. Bei mehrwöchigen Workshop- und Sprintformaten können Retrospektiven allerdings auch 2 bis 3 Stunden dauern. In diesem Fall empfiehlt es sich, eigens einen Termin für die Retrospektive anzusetzen.

Gegenstand. Das Thema einer Retrospektive ist die Art und Weise der Zusammenarbeit. Es geht um Dinge wie Zeitmanagement, Meetingstruktur, Verhalten der Gruppe etc.

Format 1: Einfache Retrospektive. Es gibt unterschiedliche Formate, die je nach Kontext angemessen sein können. In seiner einfachsten Form besteht eine Retrospektive aus zwei Fragen:

1. Was sollten wir beibehalten?
2. Was sollten wir in Zukunft verändern?

Behalten Sie in der Retrospektive die Reihenfolge der beiden Fragen bei. Beginnen Sie mit den wertschätzenden Aspekten und konzentrieren sich dann auf zu verbessernde Punkte.

Format 2: Starfish-Retrospektive. Wir arbeiten gerne mit der sogenannten Starfish-Retrospektive und nutzen diese auch für unsere Arbeit bei Kundinnen und Kunden. Das Format erinnert, wenn es visualisiert wird, optisch an einen Seestern, daher der Name. Eine Starfish-Retrospektive besteht aus fünf Kategorien:

1. *Behalten* (Keep): Was sollten wir beibehalten? Was war gut und sollten wir beim nächsten Meeting genauso wieder tun?

2. *Verstärken* (More): Was sollten wir mehr machen? Was ist zwar schon vorhanden und damit gut, aber wir wünschen uns mehr davon?
3. *Beginnen* (Start): Was sollten wir beginnen zu tun? Was haben wir bis jetzt noch nicht getan, würden jedoch davon profitieren, wenn wir es tun würden?
4. *Stoppen* (Stop): Womit sollten wir aufhören? Gibt es unproduktive und störende Verhaltensweisen oder Aspekte?
5. *Verringern* (Less): Was sollten wir weniger tun? Gibt es Dinge, die unserer Zusammenarbeit guttun würden, wenn wir sie weniger oft oder weniger intensiv tun würden?

Durchführung der Retrospektive
Eine Retrospektive findet als Gruppe mit den Beteiligten einer vorangegangenen Besprechung statt. Die Retrospektive sollte von einem Facilitator moderiert werden.

Visualisieren. Die Themen der Retrospektive sollten visualisiert werden, damit alle schnell darauf zugreifen können.

> In der Vergangenheit haben wir bei *creaffective* dazu eine Stellwand mit Post-its benutzt. Diese Retroperspektiven-Stellwand stand bei uns immer sichtbar im Büro. Für eine Retrospektive war sie rasch hervorgeholt und wir konnten uns an den dort visualisierten Inhalten vorheriger Retrospektiven orientieren, uns von ihnen inspirieren lassen und zudem unsere neuen Beiträge einfügen.
>
> Im Jahr 2020 hatten zunächst zwei Kollegen München verlassen, dann kam Corona, daher haben wir die Digitalisierung vorangetrieben und nutzen jetzt eine digitale Retrospektiven-Stellwand in Form eines Miro-Boards.

Ein Board mehrfach zu nutzen – die Notizen der letzten Retrospektiven sind noch vorhanden, neue kommen hinzu –, macht besonders dann Sinn, wenn Sie in einer festen Gruppe arbeiten, die immer wieder zusammen Besprechungen abhält. So halten wir es mit dem monatlichen Meetingtag, zu dem alle zusammenkommen.

Die Teilnehmenden besprechen anhand der bereits vorhandenen Notizen von früheren Retrospektiven, die auf der Retrospektiven-Wand hängen, über die aktuelle Besprechung. Die Gruppe kann bestimmte Notizen zuvor auswählen und so thematische Schwerpunkte setzen.

Sobald jemand zu den Fragen und Themen einen neuen Punkt hat, schreibt er diesen auf ein (virtuelles) Post-it. Dieses wird allerdings noch nicht gleich auf der Stellwand angebracht. Zunächst werden weitere Punkte gesammelt, bis alle fertig sind. Dann stellt jeder seine Punkte in der Gruppe kurz vor und sortiert sie in die entsprechende Kategorie auf dem Board ein. Verständnisfragen können kurz besprochen werden.

Inhaltliche ähnliche Punkte können geclustert werden, um eine bessere Übersicht zu behalten.

Priorisieren der Erkenntnisse. Sollte eine Retrospektive sehr viel Verbesserungspotenzial generieren, kann es sinnvoll sein, die relevantesten Punkte für die nächsten Besprechungen zu priorisieren. Das Priorisieren ist Aufgabe der Gruppe. So bereitet die Gruppe eine überschaubare Anzahl an Themen vor, die sie in der nächsten Retrospektive besonders beachten will.

Die Themen können priorisiert werden mittels Klebepunkten. Jeder Teilnehmende bekommt eine überschaubare Anzahl von 1 bis 3 Klebepunkten, die er dann auf die aus seiner Sicht wichtigsten Themen klebt. Die Themen mit hoher Priorität werden bei der nächsten Besprechung besonders berücksichtigt.

Ergebnisse zu Beginn einer Besprechung vergegenwärtigen: Bei festen Besprechungsgruppen hilft es, wenn die Gruppe zu Beginn der Besprechung die Ergebnisse der letzten Retrospektive inklusive der Fokusthemen sich vergegenwärtigt. Dafür genügt es, 2 bis 3 Minuten Zeit einzuplanen. Das unterstützt das Ziel der Retrospektiven, Besprechungen kontinuierlich zu verbessern.

Tipp: Verwenden Sie für Punkte mit hoher Priorität eine andere Farbe, sodass sie allen gleich ins Auge fallen.

Weitere, zu beachtende Punkte

Fixer Agendapunkt: Ich empfehle sehr, Retrospektiven als fixen Agendapunkt zu Beginn und Ende einer Besprechung einzuplanen. Möglicherweise werden einige einwenden, dass das zu viel kostbare Zeit in Anspruch nehmen würde. Wenn dem so ist, sollten Sie es erst recht einplanen, denn es gibt großen Verbesserungsbedarf! Die für die Retrospektive investierte Zeit wird ein Vielfaches an Zeit einsparen, wenn die Organisation lernt und die Besprechungen in Zukunft immer besser werden.

Retrospektiven im Stehen: Die meisten Retrospektiven eignen sich hervorragend, um diese im Stehen durchzuführen. Der veränderte Rahmen setzt einen Kontrast zur vorherigen Besprechung, mobilisiert neue Energie und sorgt auch dafür, dass sich die Teilnehmenden kürzer fassen.

Experimentieren Sie mit den Formaten! Es kann am Anfang ein wenig dauern, bis Sie als Gruppe das beste Format für sich identifiziert haben. Probieren Sie verschiedene Formate aus und passen Sie diese ggf. für sich an. Wichtig ist lediglich, dass das Format dem Zweck dient, dass Sie die Besprechungen in Ihrem Team und in der Organisation kontinuierlich verbessern können.

Beispiel: Ein Kollege hat für Trainingsveranstaltungen ein spezielles Retrospektivenformat erfunden. Dazu nutzt er lediglich die zwei Fragen »Was war gut?« und »Was sollten wir beim nächsten Mal anders machen?«. Zugleich hat er jedoch verschiedene inhaltliche Kategorien, die mit den beiden Fragen beantwortet werden sollen, wie Trainer, Didaktik, Gruppeninteraktion etc. So entsteht ein differenziertes Bild seiner Arbeit.

»Erledigt« Rubrik einführen: Neben der kontinuierlichen Nutzung der immer gleichen Retrospektive für unseren Besprechungstag hat es sich bewährt, einen Ablageort einzuführen für die Punkte, die sich – aus unserer Sicht – erledigt haben und nicht mehr relevant sind. Erledigt sind die Punkte, wenn die angestrebte Verbesserung eingetreten ist und wir das Thema nicht mehr auf dem Schirm haben müssen.

10.14 Werkzeug 12: Teachback

Teachbacks helfen dabei, den Transfer von neu erworbenem Wissen an Kolleginnen und Kollegen und das Team nicht nur sicherzustellen, sondern auch zu verbessern. Sie kennen die Situation vielleicht, dass unterschiedliche Mitglieder aus dem Team verschiedene Fortbildungen besuchen – die anderen bekommen davon relativ wenig mit oder sogar nichts. Ziel des Teachback Formats ist es, hier Abhilfe zu schaffen, indem die Kollegen und Kolleginnen, die auf einer Fortbildung waren, eine Art Kurzzusammenfassung dieser Fortbildung für das Team geben. Das hilft, den Wissenstransfer im Team zu erhöhen oder zumindest die Neugier zu wecken, sich mit dem Thema zu beschäftigen. Aber nicht nur die Teammitglieder lernen davon. Auch der Teachback-Gebende lernt, denn er setzt sich mit den Inhalten der Fortbildung für den Transfer erneut auseinander und intensiviert durch die Wiederholung des Gelernten seine Kenntnisse.

So funktioniert es im Detail

Rahmenbedingungen. Für das Teachback gibt es kein vorgeschriebenes Format, jedoch ein paar Rahmenbedingungen. Das Teachback richtet sich an Kolleginnen und Kollegen, die Interesse haben an dem Thema und die in Bezug auf das Thema relevant sind. Für die Teilnehmenden sollten die Inhalte also berufliche Relevanz haben. Die Dauer des Teachbacks sollte so kurz wie möglich und so lange wie nötig sein. Je nach besuchter Fortbildung wird die Zeitdauer also unterschiedlich sein. Ein Teachback zu einer eintägigen Fortbildung wird vermutlich kürzer ausfallen als ein Teachback nach einer mehrwöchigen Fortbildung.

Struktur. Ein Teachback gliedert sich in zwei Teile: 1.) Den Präsentationsteil, in dem der oder die Teachback-Gebende in komprimierter Form die Inhalte seiner bzw. ihrer Fortbildung auf hoffentlich anregende Weise vorstellt. 2) Den Diskussionsteil, in dem die Zuhörer den Vortragenden mit Fragen löchern und ein Gespräch über die Relevanz für ihren Arbeitskontext herstellen können.

Teil 1: Die Präsentation. Idealerweise sollte ein Teachback kein reiner Vortrag sein, sondern interaktive Elemente enthalten, die andere anregen, sich mit den Inhalten zu beschäftigen. Das können Übungen sein, die Sie selbst in der besuchten Fortbildung erlebt haben, oder etwas, das Sie sich ausgedacht haben, um die Inhalte zu vermitteln.

> Wir zeigen meist einige Materialien, die in der Fortbildung tatsächlich verwendet wurden, auch um den Kollegen einen besseren Eindruck zu geben.

Die Vorbereitung eines guten Teachbacks ist auf jeden Fall ein kreativer Akt seitens des Teachback-Gebenden, da er sich mit den Inhalten nochmals auseinandersetzen und sie in eine Form und ein Format bringen muss. Schließlich gilt es, das Know-how in komprimierter Form sinnvoll an Kollegen weiterzugegeben.

Teil 2: Die Diskussion. Ich empfehle, den Teachback-Gebenden erst einmal ihre Inhalte vermitteln zu lassen und im Anschluss in eine Reaktions- und Fragenrunde zu gehen. Viele der während der Präsentation aufkommenden Fragen klären sich möglicherweise im Verlauf. Ich bitte die Teilnehmenden immer, sich Notizen zu machen, damit wir die am Ende noch relevanten Fragen zum Schluss besprechen können.

Nach einer Runde Verständnisfragen kann es sich auch anbieten, die Zuhörer und Zuhörerinnen zu bitten, sich über drei Leitfragen Gedanken zu machen, die dann als Grundlage für eine Diskussion und Vertiefung der Inhalte dienen können:

- Was habe ich aus dem Gehörten mitgenommen?
- Wie verändert mich das Gelernte?
- Inwiefern ist es beruflich relevant für mich?

Diese drei Fragen können erst einmal individuell reflektiert werden, um sie dann in der großen Gruppe zu besprechen.

Weitere, zu beachtende Punkte

Teachbacktage. Wir haben ca. 2 bis 3 Mal pro Jahr sogenannte Teachbacktage für das Team. D. h., wir blocken einen halben oder ganzen Tag und schalten mehrere Teachbacks von Kollegen hintereinander. Manchmal kann es einfacher sein für ein Team, sich längerfristig einen Tag zu blocken als immer nur eine Stunde.

Bewusst einplanen. Mir ist bewusst, dass im hektischen Tagesgeschäft einer Organisation gefühlt nie Zeit für so etwas wenig Dringendes ist wie Teachbacks. Das ist in 100 % aller Organisationen weltweit so. Daher rate ich, Teachbacks- oder Teachbacktage bewusst zu planen und zu schützen.

Teachback-Themen als Team priorisieren. Wir haben meist relativ viele mögliche Teachback-Themen und haben daher ein System geschaffen, bei dem wir als Team vorab online abstimmen, an welchen Themen die Kollegen besonderes Interesse haben. Entsprechend der Priorität werden die Themen dann bei uns geplant.

10.15 Werkzeug 13: Lunch and Learn

Lunch and Learn ist ein Name, den ich für dieses Format bei einer Kundin kennengelernt habe. Bei dem Format handelt es sich um einen unkomplizierten Weg der Wissensweitergabe innerhalb eines Unternehmens. Es gibt ja den schönen Spruch »Wenn wir nur wüssten, was wir wissen!« Viele Menschen innerhalb einer Organisation haben Fertigkeiten und Wissen, das für andere hilfreich oder zumindest inspirierend sein könnte.

So funktioniert es im Detail

Grundgedanke dieses Lernformats ist es, Wissen weiterzugeben während eines Mittagessens (also maximal eine Stunde).

Voraussetzung ist, dass Mitarbeitende eines Unternehmens, die über Wissen oder Know-how verfügen, das für das Unternehmen relevant ist, mit Kollegen und Kolleginnen ihre Kenntnisse teilen wollen. Sie tun das z. B. in einem 30- bis 40-minütigen Vortrag oder einem anderen geeigneten Format. Das Unternehmen stellt in einem dafür vorbereiteten Raum die Verpflegung bereit. Die Mitarbeitenden, die an der Veranstaltung teilnehmen, können sich von dem bereitgestellten Essen nehmen und es während des Vortrags verspeisen. Daher heißt das Format Lunch and Learn.

Am Ende des Vortrags gibt es die Gelegenheit für Fragen und Antworten sowie eine Diskussion. Weitere vertiefende Fragen können dann zwischen Vortragenden und einzelnen Personen bilateral geklärt werden.

Dies ist eines der wenigen Formate in diesem Buch, für das ich den Einsatz der herkömmlichen, wenig interaktiven Präsentation empfehle (siehe Kapitel 10.2).

Weitere, zu beachtende Punkte

Freiwillige Teilnahme. Die Teilnahme an diesem Format sollte freiwillig sein. Es ist in der Tat als Angebot zu sehen, das Interessierte wahrnehmen können, aber nicht teilnehmen müssen.

Über Themen abstimmen lassen. Eine interessante Möglichkeit, zu erfahren, welche Themen besonders auf Interesse stoßen, besteht darin, Themen vorab zu sammeln. Dann können die Mitarbeitenden abstimmen und die Themen, die für sie spannend sind, auswählen.

Nischenthemen. Anderseits kann es sich auch lohnen, Nischenthemen für eine kleine Gruppe an Interessierten anzubieten.

Regelmäßigkeit. Da Lernthemen nie besonders dringend sind und gerne vergessen werden oder im Tagesgeschäft untergehen, ist es empfehlenswert, für Lunch and Learn einen regelmäßigen geschützten Zeitraum einzuplanen, z. B. einmal alle zwei Monate.

Vortrag möglichst interaktiv und anregend gestalten. Der Vortrag findet vermutlich in Form einer Präsentation statt. Diese sollte so interaktiv und anregend wie möglich sein und sich eher an einem TED-Talk orientieren als an einer herkömmlichen Präsentation. Dazu kann es sich lohnen, als Organisator Beispielvideos von guten Vorträgen bereitzustellen.

Danke!

Ein Buch zu schreiben ist in der Regel ein kollaborativer Prozess. Zwar bin ich diesmal der alleinige Autor, dennoch hatte ich viel wertvolle Unterstützung im Prozess.

Besonders bedanken möchte ich mich bei Jens Springmann, meinem Kollegen bei *creaffective* für Feedback und Input, und bei David Jeggle, der als Berater an ganz ähnlichen Themen arbeitet und mir intensiv Feedback zu den Inhalten gegeben hat.

Danken möchte ich auch meiner LinkedIn-Community, der ich im Laufe des Schreibprozesses einige Fragen gestellt hatte. Zu einer konstruktiven und kontroversen Diskussion führte z. B. die Vertestung des Buchtitels. Mein Favorit für den Titel war ursprünglich »Make meetings great again«. Doch der Verlag wünschte sich einen anderen Vorschlag. Und eine große Mehrheit meiner LinkedIn-Community – fast 1.000 Feedbacks habe ich erhalten! – hat mich überzeugt, einen anderen Titel zu wählen.

Nicht nur deswegen danke ich den Mitarbeitenden des Haufe-Verlags! Ich danke insbesondere auch für die unkomplizierte und wertschätzende Zusammenarbeit.

Florian Rustler

11 Anhang

1. Referenzen mit kurzer inhaltlicher Zusammenfassung
2. Checklisten zum Durchführen großartiger Meetings
3. Spickzettel für alle Werkzeuge
4. Digitale Tools für großartige Meetings
5. Sonderfall Workshops

11.1 Referenzen mit jeweils kurzer Zusammenfassung

Für dieses Buch habe ich mich nicht nur auf meine eigenen praktischen Erfahrungen verlassen, sondern auch andere Bücher und Perspektiven zu Rate gezogen. Vielleicht haben Sie ja Lust, sich in einige meiner Referenzen tiefer einzulesen. Um Ihnen diese Entscheidung zu erleichtern, finden Sie im Anschluss an die Referenzenliste jeweils eine Kurzzusammenfassung der gelesenen Bücher.[14]

Baldwin, Christina & Linnea, Ann: The Circle Way, Berrett-Loehler Publishers Inc, San Francisco, 2010

Bockelbrink, Bernhard & Priest, James & David, Lili (Hrsg.): Sociocracy 3.0, www.sociocracy30.org, zuletzt abgerufen am 4.1.2021

Carrol, Lewis: Alice in Wonderland, Princeton University Press, Princeton 2015

Dalio, Ray: Principles: Life and Work, Simon & Schuster, New York, 2017

Hoffman, Kevin M.: Meeting Design, Two Waves Books, New York, 2018

Kniberg, Henrik: Lean from the Trenches: Managing Large-Scale Projects with Kanban, Pragmatic Bookshelf, Raleigh 2011

Lipmanowicz, Henri & McCandless, Keith: The Surprising Power of Liberating Structures: Simple Rules to Unleash A Culture of Innovation, Liberating Structures Press, Seattle, 2013

Perkins, David: King Arthur's Round Table: How Collaborative Conversations Create Smart Organizations, Wiley & Sons, New Jersey 2003

11.1.1 The Circle Way

Autorinnen: Christina Baldwin & Ann Linnea

Stuhl- oder Sitzkreise haben eine lange Tradition in unterschiedlichsten Kulturen, um in einer Gruppe von gleichwertigen Menschen frei von Hierarchien Geschichten zu teilen und Entscheidungen zu treffen. Kreise sind dabei eine Form von Container, im physischen, sozialen und energetischen Sinne, der eine Gruppe von Menschen zusammenhält: »*The circle, we were learning, is essentially a gathering of equals, people who set aside external, hierarchical positions that categorize and separate them and*

14 Da dieser Anhang nur für Interessierte gedacht ist und fast alle der gelesenen Bücher nicht in deutscher Sprache vorliegen, werden die im Anhang verwendeten Zitate nicht ins Deutsche übersetzt, sondern im Original belassen.

sit down in a ring of chairs with a clearly defined intention or purpose symbolically represented in the middle.« (5 %)

Im Idealfall schaffen Kreise ein Umfeld von psychologischer Sicherheit und Angstfreiheit, das es den Teilnehmenden ermöglicht, authentisch und offen zum Prozess beizutragen.

Die Form des Kreises ist dabei bewusst gewählt, denn die Form, in der eine Gruppe zusammensitzt, hat Einfluss auf die sich entwickelnde Dynamik in der Gruppe: *»Rectangular tables promote difficult discussions based on opposition; public forums with microphones at the front promote drama and anger; stages and speakers create critical observers; circles create coequal participants and reflective thinking.«* (3 %)

Sinn und Zweck der Arbeit mit Kreisen ist es, Menschen mit einem gemeinsamen Anliegen bessere Formen des Austausches, der Kommunikation, der Lösungsfindung und der Entscheidung zu ermöglichen.

Damit dies gelingt, gibt es eine Reihe von Elementen und Komponenten, die beachtet und vorbereitet werden müssen:

- **Das Kreiszentrum**: Auf dieses blicken alle Teilnehmenden und hier findet sich in symbolischer Repräsentation der Zweck der Zusammenkunft wieder. Dies kann in Form von physischen Objekten, Postern oder Bildern geschehen. Das Zentrum fokussiert die Teilnehmenden immer wieder auf das *Warum* der Zusammenkunft.
- **Zeitlicher Ablauf**: Die Kreisarbeit folgt einer gewissen Dramaturgie. Die Gruppe beginnt mit einem Check-in in Form einer inspirierenden Frage. Dann folgt die eigentliche Arbeit im Kreis und schließlich endet die Zusammenkunft mit einem Check-out mit einer speziellen Frage.
- **Kreisregeln**: Für alle Beteiligten des Kreises gelten bestimmte Regeln. Hierzu gehören z. B.: *»Personal material shared in the circle is confidential. We listen to each other with curiosity and compassion, withholding judgment. We ask for what we need and offer what we can. From time to time we pause to regather our thoughts or focus.«* (14 %)
- **Intention**: Es gibt einen Grund, eine gemeinsame Intention, warum eine Gruppe zusammenkommt. Diese Intention wird durch das Kreiszentrum repräsentiert. Diese Intention sollte für alle klar sein.

- Prinzipien: Die Arbeit mit Kreisen folgt dabei einer Reihe von Prinzipien, die gültig sind, egal wie konkret der jeweilige Kreis gestaltet wird:
  - Die »Führung« des Kreises ist verteilt auf verschiedene Rollen, die von verschiedenen Menschen gefüllt werden.
  - Jeder Kreisteilnehmer ist eingeladen, die Führung zu übernehmen, wenn es sich richtig anfühlt.
  - Die Verantwortung für den Erfolg der Kreisarbeit liegt bei allen Teilnehmenden des Kreises: *»Sharing responsibility means that every person watches for what needs doing or saying next and makes a contribution. Sharing responsibility breaks old patterns of dominance and passivity and calls people to safeguard the quality of their experience, to jointly manage the allocation of time, and to notice how decisions arise out of group synergy.«* (16 %)
- Drei Praktiken: Alle Teilnehmenden des Kreises bemühen sich, drei Dinge kontinuierlich zu praktizieren: Aufmerksames Zuhören, bewusstes Sprechen und das Achten auf das Wohl der Gruppe .
  - *Aufmerksames Zuhören* bedeutet dabei wirklich zuzuhören, ohne im Kopf bereits eine Antwort auf das Gesagte vorzubereiten, sondern sich ganz den Worten des anderen zu widmen.
  - *Bewusstes Sprechen* meint, nur Beiträge zu machen, die Bedeutung und Relevanz für den gemeinsamen Prozess haben, und diese zum richtigen Zeitpunkt zu machen.
  - *Auf das Wohl der Gruppe zu achten* heißt hierbei, sich sehr bewusst zu überlegen, welche Wirkung die eigenen Worte haben werden, und zu reflektieren, ob diese zum Wohle der Gruppe des gemeinsamen Zwecks beitragen werden.

Die Arbeit mit Kreisen unterscheidet mehrere Rollen, wie den Facilitator, den Wächter und den Schreiber, um die Effektivität der Zusammenarbeit zu gewährleisten. Dabei können dann auch spezielle Werkzeuge zum Einsatz kommen, wie Glocken, um für Ruhe und Konzentration zu sorgen, oder ein Sprechstück, um die Konversation zu verlangsamen und zu fokussieren.

Das Buch erklärt detailliert und sehr überzeugend, wie wir die jahrhundertealte Tradition der Kreisarbeit auf moderne Organisationen übertragen und so die Qualität der Zusammenkünfte verbessern können. Es lohnt sich aus meiner Sicht, diese Konzepte genauer zu verstehen und für unseren Kontext anzupassen.

11.1.2 Sociocracy 3.0

Hrsg.: Bernhard Bockelbrink, James Priest& Lili David

Sociocracy 3.0 (S3) ist eine »soziale Technologie«, die Organisationen und Gruppen jeder Größe unterstützt, effektiv zusammenzuarbeiten. Der Zusatz 3.0 weist darauf hin, dass es wichtige Vorgänger gibt, auf deren Arbeit sich S3 stützt. Es vereint Ansätze aus der ursprünglich in den Niederlanden entwickelten Soziokratie, dem Lean-Management, der agilen Projektentwicklung und der Holakratie, einem »organisatorischen Betriebssystem«. Kurz: Es handelt sich bei S3 um eine Reihe von Prinzipien und einem Menü an Interaktionsmustern, die Organisationen in einem komplexen Umfeld unterstützen. Komplex bedeutet dabei, dass es viel Ungewissheit und Veränderungen gibt, die ein beständiges Anpassen der Organisation an diese Umstände verlangt.

Eine Besonderheit von Sociocracy 3.0 ist die Erkenntnis der Entwickler, dass es in einer komplexen Welt nicht *die* eine feste Vorgehensweise und Organisationsform geben kann, die man über alle Organisationen stülpen kann. Dieser Best-Practice-Ansatz ist meist zum Scheitern verurteilt, weil er der Individualität und Komplexität von Organisationen nicht ausreichend gerecht wird. Daher arbeitet Sociocracy 3.0. mit ein paar grundlegenden Prinzipien (wie Transparenz, Gleichwertigkeit und Konsent) und einem flexiblen Menü an Praktiken, die bei Bedarf hinzugezogen werden können. Einige dieser Interaktionsmuster finden sich in diesem Buch in Form von Meeting-Werkzeugen wieder.

Wenn ein System für alle zufriedenstellend funktioniert, dann gibt es keinen Grund, es zu ändern. Wenn es jedoch Spannungen und Herausforderungen gibt, dann bietet S3 praktikable Wege an, schrittweise Veränderungen einzuführen.

S3 nimmt an, dass Menschen grundsätzlich einen positiven Beitrag zum Gelingen einer Organisation leisten möchten, wenn man sie denn lässt. Alle Prinzipien gehen davon aus, dass erwachsene Menschen zusammenarbeiten und sich gegenseitig auch so behandeln möchten. Dies spiegelt sich auch in den Praktiken und Interaktionsmustern wider, die stark auf Vertrauen und Transparenz basieren und eben davon ausgehen, dass man Menschen erst einmal vertrauen kann.

Die Webpräsenz www.sociocracy30.org bietet einen Einstieg in die Welt von S3 und Zugang zu sämtlichen Materialien, die alle frei zur Verfügung stehen und verwendet werden können.

S3 ist nach wie vor einer der größten Game Changer in meinem Leben während der letzten fünf Jahre. Es hat die Art, wie creaffective organisiert ist und wie wir mit Kundinnen und Kunden arbeiten, grundsätzlich verändert und stark beeinflusst. Ich bin dankbar, dass ich viele Tage in Form von Seminaren und Coachings mit den Entwicklern verbringen durfte und nun Teil einer wachsenden Gruppe von weltweiten Praktikern bin, die S3 in Organisationen bringen.

11.1.3 Principles

Autor: Ray Dalio

Ray Dalio ist Gründer von Bridgewater Associates, eines bekannten Hedgefondsunternehmens, und einer der wohlhabendsten Männer der USA, der sich immer wieder kritisch zum amerikanischen System des Kapitalismus zu Wort meldet.

In seinem Unternehmen setzt er einige ungewöhnliche Praktiken von radikaler Transparenz in die Tat um, die aus seiner Sicht zu besseren Entscheidungen und besserer Zusammenarbeit führen. Eine Kostprobe seiner Ansätze können Sie in einem TED-Talk ansehen: https://www.ted.com/talks/ray_dalio_how_to_build_a_company_where_the_best_ideas_win.

In diesem Buch legt er die Prinzipien seines Lebens und seines Arbeitens ausführlich dar, mit dem Ziel, andere Menschen dazu zu inspirieren, über die Prinzipien ihres eigenen Lebens zu reflektieren. Denn, da ist sich Dalio sicher, Prinzipien helfen dabei, ein erfolgreicheres Leben zu führen und seine Ziele zu erreichen: *«Principles are fundamental truths that serve as the foundations for behavior that gets you what you want out of life. They can be applied again and again in similar situations to help you achieve your goals. To be principled means to consistently operate with principles that can be clearly explained. Unfortunately, most people can't do that.«* (1 %)

Dies ist nicht nur auf individueller Ebene relevant, sondern besonders auch auf der Ebene einer Organisation. Hier braucht es nach Dalio erst recht gemeinsame Prinzipien, die für alle Gültigkeit haben. Wenn diese nicht explizit und nicht klar definiert sind, ist es unmöglich für Menschen, ihr Handeln danach auszurichten. Besonderes Augenmerk legt er dabei auf Prozesse der Entscheidungsfindung und des Denkens in Gruppen, die besonders anfällig sind, ineffektiv zu werden und zu suboptimalen Ergebnissen zu führen.

In seinem Buch legt er seine (oft radikalen) Prinzipien detailliert offen und beschreibt diese ausführlich mit Beispielen. Als Leser muss man sich auf über 20 Prinzipien mit zahlreichen Unteraspekten und Regeln gefasst machen. Das kann auf den ersten Blick überfordernd und abschreckend wirken. Durch die detaillierten Schilderungen, wie diese Prinzipien in der Praxis zum Einsatz kommen und wie sie sich auswirken, wird das Buch etwas weniger einschüchternd.

Die Tatsache, dass Dalio Gründer seines Unternehmens ist und damit einen entscheidenden Einfluss auf den Rahmen und die Kultur seines Unternehmens hat, macht den Einsatz der Prinzipien sicherlich überhaupt erst möglich und stellt ihren Erfolg sicher.

11.1.4 Meeting Design

Autor: Kevin M. Hoffman

Kevin Hoffmann betrachtet Besprechungen in seinem Buch als ein Design-Problem, das man mit der Herangehensweise von Designern vorbereiten und gestalten kann: *»This simple premise—a meeting is something that could be designed to be useful and compelling—opens up a world of possibilities. [...] You can observe relationships between facilitation style, organizational culture, and the outcomes the meeting should produce.«* (3 %)

Ein erster zentraler Schritt ist es, überhaupt erst einmal die Notwendigkeit von Besprechungen zu hinterfragen und bestehende Besprechungen rigoros auszumisten. Oft bestehen besonders regelmäßige Meetings unreflektiert, obwohl der Grund für diese schon lange obsolet ist. Wenn man sich nicht sicher ist, kann es helfen, einfach einmal zu experimentieren und zu schauen, was passiert, wenn man das Meeting verkürzt oder ganz weglässt. Basierend auf den Ergebnissen dieser Experimente kann man Veränderungen vornehmen.

Dabei verweist er auf die Kosten, die durch Meetings entstehen, sowohl finanziell als auch menschlich/emotional: *»Design agency billable rates are easily more than $200 per hour. Lawyers bill at $1,000 per hour, and they have plenty of meetings. Think about a successful modern company of more than 50,000 people, which pays its employees well. The term ›staggering‹ doesn't begin to describe the expense.«* (27 %)

Wenn es darum geht, eine Besprechung zu designen, dann gibt es für Hoffmann drei zentrale Design-Kriterien: die inhaltlichen Punkte, die Teilnehmenden, hierbei vor allem die Anzahl der teilnehmenden Personen, und die Zeitdauer des Meetings.

Diese drei Faktoren beeinflussen sich natürlich gegenseitig, es kann jedoch auch nur eine der drei Faktoren optimiert werden. Also zum Beispiel die Inhalte an der zur Verfügung stehenden Zeit auszurichten oder die Zeit an die Inhalte anzupassen. Ein Fehler, den viele Firmen machen, ist es, die beiden als unabhängig voneinander zu betrachten und sich zu viel in zu kurzer Zeit vorzunehmen und dann zu allem Überfluss auch noch zu viele Leute einzuladen.

Die Anzahl der Meeting-Teilnehmenden ist für Hoffmann besonders wichtig. Je größer die Anzahl, desto größer die Komplexität und desto herausfordernder ist es, zu einer Übereinkunft zu kommen. Hierzu entwickelt er sein Modell der »Points of Agreement«, das ich bereits in Kapitel 8.10 zitiert habe: *»When you add one person to a meeting, you aren't just seeking that one person's new agreement. You are adding as many points of agreement as there are people who are already involved. Increasing the number of people in a meeting will scale up the complexity quickly. If you oversee a meeting's planning and can control who is being invited, start by capping it at six or seven people.«* (22 %)

Auch Hoffmann betont die Bedeutung eines guten Facilitators für den Erfolg eines Meetings und sieht ähnlich wie David Perkins gute Meetings als einen Weg, die ganze Organisation zu verbessern. Daher lohnt es sich, diese bewusst und reflektiert zu gestalten.

11.1.5 Lean from the trenches

Autor: Henrik Kniberg

Das Buch ist ein Expertenbericht für Projektmanager und -managerinnen, die ihre Projekte nach den Prinzipien von Lean und Agile durchführen möchten. Kniberg sammelte Erfahrungen mit mehreren Software-Großprojekten, wo er mit einer Mischung aus Scrum und Kanban arbeitete. Diese sehr praktischen Erfahrungen finden sich in seinem Buch wieder.

Zentrale Erfolgsfaktoren für größere Entwicklungsprojekte sind erstens das Zerteilen des Gesamtprojekts in kleinere Bestandteile und Einzelprojekte, zweitens das Schaffen von guten Teams, die sich um diese Einzelprojekte kümmern und schließlich die Synchronisation dieser unterschiedlichen Teams miteinander.

Kanbans kommen normalerweise für einzelne Teams zum Einsatz, um den Workflow eines Teams zu visualisieren und die Arbeit optimal zu verteilen: *»If you are into Kanban, you'll recognize this as a Kanban system, which means that we track the flow of value from idea to production and that we limit the amount of work in progress at each step of the process.«* (13 %)

Die Herausforderung für Kniberg in seinen Projekten war es, bei all den Einzelteams eine Übersicht über das Gesamtprojekt zu behalten und es den einzelnen Teams zu ermöglichen, gegenseitig auf Veränderungen beim jeweils anderen Team zu reagieren. Dafür schuf er noch einmal ein aggregiertes Projekt-Board, welches ihm genau diese Gesamtübersicht ermöglichte: *»That's why we created the project board. It's a way to keep track of the big picture by showing project features as they move from requirements to development, to system test, and into production.«* (19 %)

Der Erfolg seiner Projekte erklärt sich einmal mit den verschachtelten Kanban-Übersichten, die er erstellt hat, und zum anderen mit einer ebenso verschachtelten Abfolge von Synchronisationsmeetings, die hintereinandergeschaltet wurden. So gab es erst ein Daily Stand-up vor dem Projekt-Board mit Vertretern aller Sub-Projekte, wo über das große Ganze gesprochen wurde. Danach fanden die Synchronisations-Meetings der einzelnen Unterprojekte statt: *»The people at this meeting are informally referred to as the cross-team (or tvärgrupp in Swedish)—a cross-section of the whole project. In our case, that equates to one person from each specialty and one person* *from each feature team, plus a few other folks such as the project manager, configuration manager, and myself.«* (12 %). Jede dieser Besprechungen dauerte maximal 15 Minuten. Die Teilnehmenden der Gesamtrunde konnten danach entscheiden, ob sie auch an einem der Stand-ups der Unterteams teilnehmen wollten, zum Beispiel, weil sich aus dem Gesamt-Stand-up ein Bedarf ergeben hatte.

Neben diese ausgeklügelten Stand-ups hielt Kniberg regelmäßig unterschiedliche Verbesserungsmeetings ab, die sowohl auf einzelne Unterteams abzielten, als auch das Projekt als Ganzes im Blick hatten: *»The process improvement workshop is basically a scrum of scrums type of retrospective, with one person from each team and each specialty (the same ›cross-team‹ that meets at the project board at 10 a.m. every day). This is the most effective place to trigger larger changes, such as those that affect multiple teams, and to follow up on the result of previous changes.«* (36 %)

Er geht im Verlauf seines Buches auch auf die Historie und Herkunft der Begriffe Agile und Lean ein und erklärt die Prinzipien in deren ursprünglichen Kontext: *»Although the term Agile was coined in 2001, most Agile methods were created in the 1980s and 1990s. Agile is just an umbrella term, a description of the common denominator. Any method or approach that follows these values and principles can be considered Agile.«* (69 %)

»Lean is the western term for what the Japanese call ›TPS‹ (Toyota Production System) – an approach to manufacturing that has helped make Toyota the most successful car manufacturer in the world.« (70 %)

Knibergs Buch schildet im Detail, wie er seine Projekte organisiert hat und wie die Prinzipien von Lean und Agile in seinem Vorgehen reflektiert werden. Empfehlenswert für diejenigen, die ganz tief einsteigen möchten.

11.1.6 The Surprising Power of Liberating Structures

Autoren: Henri Lipmanowicz & Keith McCandless

Dieses Buch beschäftigt sich mit der Frage, wie Zusammenarbeit in Gruppen (von Paaren bis zu Großgruppen) besser funktionieren kann, und hat über die Jahre eine weltweite Fangemeinde entwickelt. Von der Struktur her ist es ähnlich gegliedert wie dieses Buch: Es beginnt mit einem theoretisch-konzeptionellen Teil, in dem die beiden

Autoren erklären, warum »Strukturen« in Gruppenkonstellationen wichtig und verhaltensbeeinflussend sind. Der zweite Teil stellt 33 kleine Werkzeuge vor, um die Interaktionen in Gruppen zu verbessern. Die Autoren sprechen von »liberating structures«.

Die Autoren treffen die Unterscheidung zwischen Makrostrukturen und Mikrostrukturen. Beide haben Einfluss auf die Art und Weise, wie Gruppen zusammenarbeiten. Im Gegensatz zu den Mikrostrukturen lassen sich die Makrostrukturen nur schwer beeinflussen. Sie wirken langfristig und sind nur aufwendig zu verändern. Dazu gehören Dinge wie Gebäude, Regeln, Prozesse und Strategien, alles Dinge, die in einer Gruppeninteraktion nicht spontan verändert werden können.

Mikrostrukturen wiederum sind kleine Dinge, die grundsätzlich leicht veränderbar sind, die jedoch ebenfalls einen Einfluss auf Entscheidungen, Ergebnisse und Handlungen in Gruppeninteraktionen haben. Dies können greifbare Elemente sein, wie die Gestaltung des Besprechungsraums oder des Büros, und nicht-sichtbare Elemente, wie die Art und Weise, wie in einer Besprechung interagiert wird. Also zum Beispiel in Form eines Brainstormings oder Status Reports oder einer unstrukturierten Diskussion.

Besonders die Mikrostrukturen stellen Rahmenbedingungen dar, die sowohl einschränken als auch ermöglichen können. Daher lohnt es sich, diese bewusst zu gestalten. Und diese bewusste Gestaltung findet oft nicht statt, wie die Autoren des Buches argumentieren: *»Liberating Structures are adaptable microstructures that make it quick and simple for groups of people of any size to radically improve how they interact and work together.«* (9 %)

Befreiende Strukturen führen wie andere Ansätze des Veränderungsmanagements auch zu einer Veränderung der Kultur. Im Gegensatz zum klassischen Change-Management zielen sie jedoch nicht auf die Veränderung von Werten und Glaubenssätzen, sondern auf die Veränderung von Gewohnheiten, also der beobachtbaren Muster der Interaktion. Diese sind deutlich leichter und schneller zu beeinflussen: *»Education is a domain where major shifts in strategy are usually controversial, costly and risky. In contrast, focusing on changing habits, improving routine practices, and altering patterns of interaction is inexpensive and low risk since the starting point is the issues or problems that educators know and want to address. Changes don't have to be forced from above but can be discovered and cocreated by the participants.«* (17 %).

Ziel der von den Autoren vorgestellten Praktiken ist es, den Grad der Beteiligung in Gruppeninteraktionen zu erhöhen und alle Menschen mit einzubeziehen. Dies wird ermöglicht, in dem jede der 33 vorgestellten Praktiken vorgibt, wie eine Gruppe interagiert.

Ein sehr einfaches, von mir gern genutztes Vorgehen ist »1-2-4-alle«. Ziel ist es, eine Gruppe zu einem strukturierten Austausch bzw. Diskussion zu einer Frage zu bringen. Besonders in großen Gruppen führt eine unstrukturierte Art und Weise dazu, dass nur ein wenige Leute sprechen, während der große Rest schweigend danebensitzt. Bei »1-2-4-alle« läuft es anders: Zuerst macht sich jeder und jede kurz alleine Gedanken zu einer gestellten Frage. Dann finden sich zwei Menschen zusammen und tauschen sich kurz zu ihren Überlegungen aus. Danach bilden sich Vierergruppen, die sich austauschen. Am Ende berichten die Vierergruppen in der Großgruppe von ihren Highlights.

Dies ist eine denkbar simple Form, die Interaktion in der Gruppe so zu gestalten, dass alle Menschen involviert sind und die Energie im Raum hoch bleibt. Für unterschiedliche Situationen stellen Lipmanowicz und McCandless verschiedenste Praktiken vor. Manche lassen sich in zehn Minuten umsetzen, andere wiederum benötigen eine Stunde, je nach Situation und Zielsetzung.

Das Buch ist eine gute Empfehlung für alle, die häufiger Workshops vorbereiten und moderieren müssen und flexible Vorgehensweisen benötigen, um ihre Workshopziele zu erreichen.

11.1.7 King Arthur's round table

Autor: David Perkins

Dieses Buch ist ein sehr dichtes und reichhaltiges Werk eines Wissenschaftlers, der sich mit seinem Buch jedoch nicht nur an die Forschergemeinde richtet. Auch hier geht es darum, wie Zusammenarbeit zwischen Menschen gelingen kann, mit einem Fokus auf die Gespräche zwischen den Menschen. Der runde Tisch von König Arthur ist dabei eine Analogie dahingehend, wie Konversationen erfolgreich gestaltet werden können. Wie bereits im Buch »Circle Way« beschrieben, hat auch der König die

Relevanz der Sitzordnung erkannt: *»King Arthur knew that such a restless and fuming group could not help keep a kingdom in order, so he exercised a very simple idea: His table would be round. His knights would sit around a round table. No position would be greater than any other.«* (6 %)

Im Buch untersucht und beschreibt Perkins verschiedene Einflussfaktoren für erfolgreiche Gespräche in Organisationen. Im besten Fall kann die Zusammenarbeit von Menschen in der Organisation die organisationale Intelligenz erhöhen, oft tragen diese leider wenig dazu bei.

Er schildert zu Beginn die Hindernisse zu mehr organisationaler Intelligenz. Dies sind Faktoren wie Macht-Asymmetrien, zu große Gruppen, Stress, übertriebene Vereinfachungen, fehlende Gruppenprozesse und weitere Aspekte. Fehlende Gruppenprozesse sind ein zentrale Einflussfaktor bei Perkins. Aufgrund der fehlenden Gruppenprozesse kommt es dann zu einem Sich Treibenlassen im Gespräch, Groupthink oder schlicht einem Steckenbleiben im Thema. Dann ist auch keine sinnvolle Problembearbeitung mehr möglich.

Er schildert jedoch nicht nur ausführlich, wo das Problem liegt und wie sich die oben geschilderten Aspekte negativ auf die Effektivität der Organisation auswirken. Perkins zeigt auch Möglichkeiten auf, wie Konversation zu sogenannten progressiven Interaktionen werden können. Dies kann durch einfache Dinge erreicht werden: z. B. durch einen klaren Zweck einer Besprechung, einen Moderator, der sich um den Prozess des Gesprächs kümmert, und/oder auch der verstärkten Nutzung von partizipativen Entscheidungsmechanismen: *»The autocratic archetype surfaces over and over again in communities and organizations. The participative archetype shows up less often. ImageTechs are more common than VisionTechs. But paradoxically, the participative archetype is more progressive than the autocratic archetype, delivering better knowledge processing and more positive symbolic conduct.«* (17 %)

Im weiteren Verlauf des Buches geht er vertieft auf Vorgehensweisen der Problembearbeitung und Problemlösung in Gruppen ein. Viele der von ihm geschilderten Aspekte habe ich auch in anderen für dieses Buch gelesenen Quellen gefunden. Wenn eine Gruppe von Menschen zum Beispiel versucht, gemeinsam eine Lösung auf ein Problem zu finden, dann ist es einerseits gut, möglichst viele und unterschiedliche

Perspektiven in den Prozess einzubinden. Anderseits können zu viele Köche auch den Brei verderben. Aus diesem Grund kann es sehr sinnvoll sein, die Gruppe in kleinere Gruppen aufzuteilen, die einen Vorschlag erarbeiten, der dann wiederum von der großen Gruppe besprochen wird.

Dieses Buch ist empfehlenswert für alle, die sich detailliert mit den Hintergründen von Konversationen in Gruppen auseinandersetzen möchten.

11.2 Checklisten zum Durchführen großartiger Meetings

11.2.1 Checkliste vor der Besprechung:

Es ist klar, um welche Kategorie von Besprechung es sich beim geplanten Meeting handelt	☑
Das Ziel der Besprechung ist klar formuliert	☑
Für das Besprechungsziel relevante Teilnehmenden sind ausgewählt (so wenige wie möglich, so viele wie nötig)	☑
Notwendige Vorbereitungsaufgaben sind definiert	☑
Ein für die Kategorie der Besprechung angemessener (virtueller) Raum ist ausgewählt und entsprechend vorbereitet	☑
Passende Werkzeuge für Besprechungszweck und -ziel sind ausgewählt	☑
Notwendige Arbeitsmaterialien sind vorbereitet	☑
Den Teilnehmenden wurden alle notwendigen Informationen vorab zur Verfügung gestellt	☑
Die Teilnehmenden haben ausreichend Zeit bekommen, sich auf die Besprechung vorzubereiten	☑
Eine sinnvolle Zeitdauer für Zweck und Ziel der Besprechung wurde bewusst angesetzt	☑
Pausen sind eingeplant (bei Besprechungen, die länger als 90 Minuten dauern)	☑
Ein Puffer am Ende der Besprechung ist eingeplant, für den Fall, dass etwas länger dauern wird als gedacht (Geheimtipp: Es wird etwas länger dauern als gedacht!)	☑

11.2.2 Checkliste während der Besprechung:

Es gibt klare Rollen, die für eine produktive Besprechung hilfreich sind	☑
Allen Teilnehmenden ist klar, wer die Rollen innehat und was die Rollen tun	☑
Ziel und Zweck der Besprechung sind für alle sichtbar	☑
Es ist eine Dokumentationsfläche für die Inhalte und Ergebnisse gut für alle sichtbar	☑
Es gibt einen Timer, der die verfügbare Zeit für die einzelnen Elemente anzeigt	☑
Die Teilnehmenden haben die Gelegenheit, in der Besprechung anzukommen und sich auf die Besprechung einzustellen	☑
Alle für die Besprechung notwendigen Arbeitsmaterialien liegen bereit	☑
Wir halten uns an die Vorgehensweisen und Prinzipien der ausgewählten Werkzeuge	☑
Am Ende des Meetings gibt es für alle klare nächste Schritte, wie es nach der Besprechung weitergeht (falls relevant)	☑
Bei regelmäßigen Besprechungen mit gleicher Teilnehmergruppe:	
Zu Beginn machen sich alle Teilnehmenden Verbesserungsmöglichkeiten aus der letzten Retrospektive bewusst und legen fest, auf was sie heute besonders achten möchten	☑
Am Ende wird eine kurze Retrospektive durchgeführt, um die Gruppe weiter verbessern zu können	☑

11.2.3 Checkliste nach der Besprechung:

Eine Dokumentation ist erstellt und allen Teilnehmenden zur Verfügung gestellt	☑
Ein eventueller Folgetermin ist angesetzt	☑
Ein Review-Termin der Beschlüsse ist festgelegt (falls relevant)	☑

11.3 Spickzettel für alle Werkzeuge

Um Ihnen den praktischen Einsatz aller Werkzeuge im Arbeitsalltag besonders zu Beginn zu erleichtern, stelle ich auf den nächsten Seiten zu jedem Werkzeug einen Spickzettel zur Verfügung.

Digitale Extras

Alle Spickzettel finden Sie zum Download auf mybook.haufe.de

!

11.3.1 Spickzettel: Taktische Meetings

In a nutshell

In einem Tactical Meeting werden regelmäßig bestimmte Daten und Zahlen und auch aktuell relevante Informationen besprochen.

Dauer: 40-60 Minuten

Anzahl der Teilnehmenden: 3-12 Personen

Vorbereitung

Dokumente für Teil 1 öffnen und bereithalten

Durchführung

Teil 1: 15-20 Minuten

- **Metrics**: zentrale Aspekte des Teams, der Abteilung oder des gesamten Unternehmens
- **Projektupdates**: Kurzes inhaltliches Update oder »kein Update«
- **Checklistenreview**: check – no check

Teil 2: maximal 40 Minuten

- Agenda on the fly erstellen mit Platzhaltern für jedes Thema
- Zeitlichen Rahmen bewusstmachen
- Agendapunkte abarbeiten
  - »Aus welcher Rolle sprichst du und was brauchst du vom Team/Kreis?«
  - Ausschließlich: »Informationen einholen«, »Informationen teilen« und »um Zuarbeit bitten«

11.3.2 Spickzettel: Stand-up-Meeting

In a nutshell
Das Stand-up dient dazu, sicherzustellen, dass alle Teammitglieder für ihre Arbeit relevante Informationen haben, auch über den Fortschritt von anderen, da dadurch ihre eigene Arbeit beeinflusst werden könnte.

Dauer: 15 Minuten, im Stehen

Anzahl der Teilnehmenden: 3-12 Personen

Vorbereitung
Ggf. Kanban Board mit allen Aufgaben

Durchführung
Reihum werden die folgenden drei Fragen beantwortet:

1. Was habe ich seit dem letzten Stand-up erreicht?
2. Was werde ich heute bzw. in der nächsten Zeit erreichen?
3. Welche Hindernisse sehe ich? Wo brauche ich Hilfe?

11.3.3 Spickzettel: Treiberformulierung

In a nutshell

Das Werkzeug dient als Vorbereitung für Meetings, in denen Entscheidungen getroffen werden oder Entscheidungen vorbereitet werden sollen. Es formuliert für alle klar und verständlich den Handlungsanlass.

Dauer: 5-30 Minuten

Anzahl der Teilnehmenden: 1-4 Personen

Vorbereitung
keine

Durchführung
Der Handlungsanlass wird schriftlich formuliert nach den folgenden vier Schritten:

Schritt 1:

- Was beobachten wir?
  Beispiel: Unser Team bestellt oft gemeinsam das Mittagessen bei einem Lieferservice. Bisher passierte das spontan am Vormittag, wenn jemand daran denkt und die Initiative ergreift.

Schritt 2:

- Was ist der Effekt daraus?
  Beispiel: Der Effekt ist, dass wir viel Zeit und Koordinationsaufwand benötigen, bis klar ist, ob und was wir bestellen, und eine gemeinsame Bestellung aufgegeben wurde, bei der alle Interessenten berücksichtigt wurden.

Schritt 3:

- Was benötigen wir?
  Beispiel: Wir brauchen ein klares Vorgehen, wie wir die tägliche Essensbestellung organisieren.

Schritt 4:

- Was wäre die Auswirkung davon?
  Beispiel: Dadurch können wir effizienter arbeiten und müssen uns nicht zu sehr mit der Organisation des Mittagessens beschäftigen.

11.3.4 Spickzettel: Vorschlagserarbeitung

In a nutshell

Das Werkzeug nutzt einen systematischen strukturierten Kreativprozess, um Lösungen für ergebnisoffene Fragen zu entwickeln. So lassen sich für offene Fragen - in kürzerer Zeit und mit höherer Wahrscheinlichkeit - funktionierende Lösungen finden.

Dauer: mindestens 60 Minuten

Anzahl der Teilnehmenden: 2-12 Personen

Vorbereitung

- Den konkreten Handlungsanlass formulieren
- Den Handlungsanlass als relevant anerkennen

Durchführung

Der Kreativprozess folgt den folgenden Schritten. Dabei werden divergierendes und konvergierendes Denken getrennt.

- Klärung - Faktenfragen und Ideenfragen sammeln
- Klärung - Faktenfragen beantworten und weitere Hintergrundinformationen ergänzen
- Klärung - Ideenfragen priorisieren
- Transformation - Lösungsideen entwickeln
- Transformation - Vorschlagsersteller festlegen
- Transformation - Lösungsvorschlag erstellen in Kleingruppen

11.3.5 Spickzettel: Konsententscheidung

In a nutshell

Das Vorgehen ist geeignet für eine Gruppe von Gleichberechtigten, die gemeinsam eine Entscheidung treffen möchten, welche Auswirkungen auf alle hat. Es hilft zügig zu entscheiden, obwohl – oder gerade weil – nicht alle Beteiligten derselben Meinung sind bzw. sein müssen. So bleibt die Gruppe handlungsfähig.

Dauer: mindestens 15-90 Minuten

Anzahl der Teilnehmenden: mindestens 2 Personen

Vorbereitung

- Den konkreten Handlungsanlass formulieren
- Einen konkreten Lösungsvorschlag vorbereiten

Drei Arten von Entscheidungen, die durch drei verschiedene Handgesten symbolisiert werden:

- **Keine Bedenken und kein Einwand**: Der Vorschlag ist gut genug für den Moment und sicher gut genug für einen Versuch
- **Bedenken**: Der Vorschlag ist noch nicht ganz rund und jemand ist sich nicht sicher, wie gut die Umsetzung funktionieren wird. Bedenken halten einen Vorschlag jedoch nicht auf!
- **Potenzieller Einwand**: Jemand kann einen Grund nennen, warum die Annahme eines Vorschlags zu Konsequenzen führen würde, die die Gruppe vermeiden möchte. Ein begründeter und für die Gruppe nachvollziehbarer Einwand (= valider Einwand) führt dazu, dass der Vorschlag so verändert werden muss, dass der Einwand nicht mehr besteht.

Durchführung

- Schritt 1: Treiber vorstellen
- Schritt 2: Vorschlag vorstellen
- Schritt 3: Verständnisfragen klären

- Schritt 4: Reaktionen hören
- Schritt 5: Vorschlag anpassen
- Schritt 6: Vorschlag auf potenzielle Einwände prüfen
- Schritt 7: Potenzielle Einwände validieren
- Schritt 8: Validierten Einwand integrieren
- Schritt 9: Beschluss feiern

11.3.6 Spickzettel: Check-in

In a nutshell

Ein Check-in wird zu Beginn eines Meetings genutzt und gibt den Teilnehmenden den Raum, in der Besprechung anzukommen. Es bietet die Möglichkeit, die momentane Stimmung und Verfassung der anderen Teilnehmenden wahrzunehmen.

Dauer: 5 Minuten

Anzahl der Teilnehmenden: 2-12 Personen

Vorbereitung

Keine

Durchführung

Das Check-in findet zu Beginn der Besprechung statt, wenn alle Teilnehmenden physisch oder virtuell im Raum sind.

Das Herzstück des Check-in besteht aus folgenden Fragen: »Wie geht es mir heute? Gibt es etwas, das mich davon abhält, heute und hier, voll und ganz präsent zu sein?«

Diese Fragen werden vom Moderator eingeleitet.

Dann hat jeder und jede die Gelegenheit, kurz(!) auf diese Fragen einzugehen.

11.3.7 Spickzettel: Spiegeln

In a nutshell

Mit diesem Feedback-Werkzeug geben die Teammitglieder sich gegenseitig persönlich und direkt strukturierte und wertschätzende konstruktive Rückmeldung. Unbekanntes kann entdeckt, blinde Flecken können erhellt werden

Dauer: 30-45 Minuten pro gespiegelter Person

Anzahl der Teilnehmenden: 4-2 Personen

Vorbereitung

Spiegeln sollte besonders für die gespiegelte Person freiwillig sein. Das sollten Sie vorher sicherstellen.

Durchführung

Fragen für Phase 1

Für die Phase mit positivem Fokus können folgende Fragen genutzt werden:

- Wenn wir an XY denken, was fällt uns Positives an ihr auf?
- Was inspiriert uns an XY?
- Was können wir von XY lernen?
- In welchen Situationen stehen wir gut im Kontakt mit XY?
- In welchen Situationen können wir uns eine Scheibe abschneiden?

Fragen für Phase 2

Für die Phase mit dem kritisch-konstruktiven Fokus können Sie folgende Fragen nutzen:

- Wenn wir nun mit kritischem, aber konstruktivem Fokus an die Person denken: Was fällt uns an XY auf?
- Was irritiert uns?
- Wo steht sich XY eventuell selbst im Weg?
- Steht etwas zwischen XY und mir, z. B. ein Konflikt, der unseren Kontakt belastet?

Schlussphase

Die gespiegelte Person teilt ihre Erkenntnisse der Gruppe mit.

11.3.8 Spickzettel: Klärungsmeeting

In a nutshell

Ein Klärungsmeeting hilft den Betroffenen in einer emotional geladenen oder herausfordernden Situation, ein tieferes und umfangreicheres Verständnis für die Situation und die Hintergründe zu erlangen, um dann gemeinsam Lösungen zu entwickeln.

Dauer: 120-180 Minuten

Anzahl der Teilnehmenden: 4-12 Personen

Vorbereitung

Bereitstellung von vier Schreibflächen, um die unterschiedlichen Inhalte zu notieren

Durchführung

Festhalten aller Aussagen: Über den Moderator als zentrale Anlaufstelle werden alle Beiträge nach und nach genannt und anhand von vier Kategorien festgehalten:

- Daten, Fakten und Wahrnehmungen
- Ideen und Lösungsvorschläge
- Bedenken und Probleme
- Offene Fragen

Der Moderator steuert das Gespräch und unterstützt mit Leitfragen, um die Lösungsorientierung sicherzustellen.

Ernten der wichtigsten Aussagen: Zentrale Punkte aus Sicht aller Teilnehmenden. Bei der Durchsprache clustert der Moderator die Aussagen.

Reflexion der Aussagen in der Gruppe: Die Gruppe versucht, die nächsten Maßnahmen aus den Erkenntnissen abzuleiten.

11.3.9 Spickzettel: Check-out

In a nutshell

Ein Check-out wird am Ende eines Meetings verwendet und ganz ähnlich wie beim Check-in bietet es den Teilnehmenden einen geschützten Raum zur Reflexion und Reaktion auf Geschehnisse während der Besprechung.

Dauer: 5 Minuten

Anzahl der Teilnehmenden: 2-12 Personen

Vorbereitung

Keine

Durchführung

Das Check-in findet zu Ende der Besprechung statt, um das Meeting abzurunden und zu beenden.

Der Moderator eröffnet das Check-out mit der Leitfrage: »Wie geht es mir am Ende des Meetings? Gibt es etwas, das mich bewegt oder noch nachwirkt bei mir?« Dann hat jeder die Gelegenheit, kurz auf diese Frage einzugehen.

11.3.10 Spickzettel: Retrospektive

In a nutshell

Die Retrospektive ermöglicht es einem Team und auch einer ganzen Organisation, zu lernen und sich kontinuierlich zu verbessern. Dazu wird am Ende einer Besprechung der Prozess der Zusammenarbeit in der Besprechung thematisiert. Das Ziel ist, aus den gewonnenen Erkenntnissen für zukünftige Besprechungen zu lernen und sie so kontinuierlich zu verbessern.

Dauer: 5-15 Minuten

Anzahl der Teilnehmenden: 2-12 Personen

Vorbereitung

- Retrospektivenformat wählen
- Ort für Dokumentation vorbereiten

Durchführung

- Anhand der Kategorien des gewählten Retrospektivenformats schreiben alle Teilnehmenden ihre Punkte auf.
- Alle stellen ihre Erkenntnisse kurz vor und sortieren die Punkte entsprechend des Retrospektivenformats ein.
- Gemeinsam werden Aussagen priorisiert, auf welche die Gruppe in Zukunft besonders achten möchte.

11.3.11 Spickzettel: Teachback

In a nutshell

Teachbacks helfen Teams dabei, den Transfer von neu erworbenem Wissen an Kolleginnen und Kollegen und das Team nicht nur sicherzustellen, sondern auch zu verbessern.

Dauer: 20-90 Minuten

Anzahl der Teilnehmenden: 3-12 Personen

Vorbereitung

Der oder die Teachback-Gebende bereitet seinen bzw. ihren Input entsprechend vor.

Durchführung

Teil 1 – Präsentation

Kreative Art der kompakten Vermittlung der gelernten Inhalte. Möglichst iterativ.

Teil 2 – Diskussion

Verständnisfragen an den Teachback-Gebenden und Reflexionsfragen an die Gruppe.

11.3.12 Spickzettel: Lunch and Learn

In a nutshell

Das Werkzeug ist ein Format der regelmäßigen und unkomplizierten Wissensweitergabe innerhalb eines Unternehmens.

Dauer: 20-60 Minuten

Anzahl der Teilnehmenden: unbegrenzt

Vorbereitung

- Priorisierung der Themen durch die Zuhörer und Zuhörerinnen
- Der oder die Input-Gebende bereitet einen 30-40-minütigen Vortrag vor
- Essen und Getränke für alle Teilnehmenden

Durchführung

- Vortrag durch den Know-how-Träger bzw. -Trägerin
- Gelegenheit für Fragen am Ende
- Ggf. weitere bilaterale Gespräche zwischen dem oder der Vortragenden und einzelnen Zuhörern

11.4 Digitale Tools für großartige Meetings

Besonders das Jahr 2020 mit der Corona-Pandemie war in vielen Unternehmen der Beschleuniger für virtuelles und digitales Arbeiten. Weil es nicht anders ging, wurden die meisten Besprechungen in den virtuellen Raum verlegt. Wenn man sich aber nicht persönlich in einem gemeinsamen Raum treffen kann, braucht es entsprechende digitale Werkzeuge, die das Meeting unterstützen.

Einige Werkzeuge für ein erfolgreiches virtuelles Meeting möchte ich an dieser Stelle vorstellen bzw. erwähnen. Ich habe mich bewusst entschlossen, diesen Aspekt des Buches in den Anhang zu verlagern, weil die Halbwertszeit von Tipps für digitale Tools äußerst kurz ist, im Gegensatz zu allen anderen Inhalten in diesem Buch. D. h., selbst wenn nach ein paar Jahren dieser Anhang aus der Zeit gefallen ist, ändert dies wenig an den Inhalten im Hauptteil des Buches.

Für großartige virtuelle Besprechungen braucht es einerseits eine passende Hardware-Ausstattung und zum anderen eine Auswahl an praktikablen Software-Tools. Beides möchte ich in diesem Anhang kurz vorstellen.

11.4.1 Hardware

Virtuelle Meetings bieten gerade in Hinblick auf gemeinsame Dokumente und die Dokumentation der Inhalte phantastische Möglichkeiten, meist sogar deutlich bessere als im physischen Umfeld. Dafür gestaltet sich naturgemäß das sich gegenseitige Sehen schwieriger und es ist im virtuellen Kontext deutlich aufwendiger bzw. oft gar nicht möglich, viele der zwischenmenschlichen Eindrücke und Rückmeldungen wahrzunehmen.

Damit dies zumindest einigermaßen funktioniert, sollte jeder und jede Meeting-Teilnehmende über einen Rechner mit Webcam verfügen, die dann im Meeting auch eingeschaltet ist, so dass sich die Teilnehmenden sehen können. Ich empfehle außerdem zwei Bildschirme oder einen sehr großen Monitor (27+ Zoll), um sowohl die anderen Teilnehmenden als auch die Arbeitsinhalte immer gleichzeitig sehen zu können. Ansonsten werden Sie immer nur einen Ausschnitt des Meetings mitbekommen und entweder nur die Teilnehmenden oder nur die Inhalte sehen. Beides ist jedoch für ein gutes Meeting wichtig und hilfreich.

11.4.2 Videokonferenz-Software

Hinsichtlich der Software ist der zentrale Baustein der Einsatz einer Videokonferenz-Software. Viele größere Unternehmen werden hier Vorgaben machen und es wird Ihnen als Mitarbeiter bzw. Mitarbeiterin des Unternehmens meist nicht mehr wirklich freistehen, zu entscheiden, was Sie nutzen möchten. Leider sind auch oft die Programme, die von der IT freigegeben wurden, nicht unbedingt die, die Sie brauchen.

Die zentrale Funktionalität ist dabei, dass alle Teilnehmenden sich sehen und hören und ggf. auch ihren Bildschirminhalt mit anderen teilen können. Diese Funktionalität bieten eigentlich alle Programme.

Eine aus meiner Sicht weitere sehr wichtige Funktion ist die Möglichkeit, Kleingruppenräume einzurichten. Dies beinhaltet die Möglichkeit, aus einer Besprechung mit 12 Teilnehmenden zeitlich befristet Untergruppen von 4 Leuten einrichten zu können. Diese Funktionalität bieten wiederum gar nicht mehr so viele Programme: Zoom und Microsoft Teams sind zwei Kandidaten, die das können. Bei vielen anderen Anbietern geht es Stand Februar 2021 nicht, beziehungsweise nur mit Workarounds, zum Beispiel indem man für die Untergruppen eigene Konferenzen initialisiert, in welche sich die Teilnehmenden dann zusätzlich einwählen.

Hinsichtlich der Stabilität und Performance der Programme zeigen sich meiner Erfahrung nach große Unterschiede. Während Zoom sehr performant ist, ist Microsoft Teams langsam und speicherhungrig, aber von den meisten Unternehmen auch aus Gründen des Datenschutzes die präferierte Lösung. Gleichzeitig ist Microsoft Teams keine reine Videokonferenz-Software, sondern eine umfangreiche Kollaborationsplattform. Die Möglichkeit, Videokonferenzen abhalten zu können, ist nur eine Funktion von vielen. Besonders für feste Teams, die sich regelmäßig in ähnlicher Zusammensetzung besprechen, kann das viele Vorteile haben.

Es gibt auch einige Speziallösungen, wie zum Beispiel wonder.me, das für virtuelle Events entwickelt wurde und zum Beispiel allen Teilnehmenden ermöglicht, selbstorganisiert Kleingruppen zu bilden. Dafür ist es mit wonder.me wiederum nicht möglich, eine große Besprechung abzuhalten, bei der alle Teilnehmenden in nur einem Raum sind.

11.4.3 Kollaboratives Dokument

Ihnen ist sicher aufgefallen, dass die meisten der hier im Buch vorgestellten Werkzeuge davon ausgehen, dass die Teilnehmenden einer Besprechung gemeinsam Inhalte erarbeiten und dokumentieren können. Daher wird es im Großteil aller Situationen nicht ausreichen, dass während der Besprechung lediglich der Bildschirm nur eines Teilnehmenden geteilt wird und alle anderen die Inhalte nicht editieren können. Was es stattdessen benötigt, ist ein gemeinsames Editieren und Bearbeiten.

Je nach Art der Besprechung werden die zu bearbeitenden Inhalte anders sein. In taktischen Besprechungen reicht es womöglich, gemeinsam an einem Kanban arbeiten zu können. In kollaborativen und auch zwischenmenschlichen Besprechungen sind die Inhalte und Formate wahrscheinlich weniger stark standardisiert und Sie benötigen daher eine flexiblere Möglichkeit.

Nicht ohne Grund haben in 2020 sogenannte kollaborative Whiteboard-Tools wie miro, mural oder concept board rasant an Nutzerzahlen gewonnen. Dabei handelt es sich um fast unbegrenzte digitale Whiteboards, wo viele Teilnehmende gleichzeitig beliebige Inhalte visualisieren und bearbeiten können, ähnlich wie auf physischen Whiteboards oder Stellwänden. Es lassen sich digitale Post-its kleben, Zeichnungen erstellen und beliebig anordnen und kombinieren. Der Kreativität sind dabei keine Grenzen gesetzt. Viele Gruppen sind dazu übergegangen, sich auf diesen Whiteboards eigene Vorlagen zu erstellen, die sie dann für eine Besprechung wiederverwenden können.

Auch hier empfehle ich verschiedene Softwarelösungen zu testen, um zu sehen, was am ehesten Ihren Bedürfnissen entspricht. In Europa wird dann in größeren Unternehmen ebenfalls die IT wieder ein gehöriges Wörtchen mitzureden haben, welche Lösung überhaupt erlaubt und vor allem »sicher« ist.

Die digitalen Möglichkeiten erlauben es nun auch, ganze Besprechungsabschnitte aufzuzeichnen, um diese nachträglich noch einmal anhören/ansehen und so die Hintergründe und die Qualität von Entscheidungen besser nachvollziehen zu können. Diese, wie ich finde, interessanten Neuerungen sind im virtuellen Raum besonders einfach umzusetzen.

11.5 Sonderfall Workshops

Ich habe für den Fokus dieses Buches moderierte Workshops als Sonderfall bewusst ausgeklammert (obwohl es sich dabei letztlich auch um eine Art von Besprechung handelt), weil Workshops deutlich seltener stattfinden als Besprechungen und meist von geschulten Moderatoren bzw. Moderatorinnen durchgeführt werden. Hier möchte ich noch kurz grundsätzlich auf dieses Sonderformat eingehen und die Unterschiede zu den Besprechungen aufzeigen, wie ich sie im Buch besprochen habe.

Ein Workshop ist nach meiner Definition eine moderierte und stark strukturierte Form der Besprechung, die zeitlich deutlich umfangreicher ist als normale Besprechungen. Workshops dauern mindestens einen halben Tag, oft jedoch auch zwei oder sogar drei Tage, in seltenen Fällen bis hin zu einer Woche. Die Themen, die in einem Workshop behandelt werden, sind meist deutlich komplizierter und komplexer als in den meisten Besprechungen, wie ich sie in diesem Buch vorgestellt habe.

Die Teilnehmenden für einen Workshop werden vor allem anhand ihrer Passung und Expertise zum Workshopthema ausgewählt oder eben, weil es sich um wichtige Entscheider oder Entscheiderinnen handelt, die es braucht, um zu einem Ergebnis zu kommen. Oft kommt es vor, dass die Teilnehmenden zum ersten Mal genau in dieser Zusammensetzung (für einen Workshop) zusammenkommen.

Bei Workshops handelt es sich – zumindest im Hauptteil des Workshops – fast immer um eine kollaborative Besprechung, wie hier im Buch vorgestellt. Die Grenze, wann eine kollaborative Besprechung aufhört und wann ein Workshop beginnt, ist dabei fließend. Generell kann man sagen, dass ein Workshop mehr Zeit benötigt, weil die Thematik komplexer ist und sich nicht im Rahmen einer normalen Besprechung behandeln lässt.

Normalerweise ist die Vorbereitung eines Workshops deutlich aufwändiger und individueller als bei einer Besprechung. Es kommt häufig vor, dass die Entwicklung eines konkreten methodischen Designs für den Workshop durch den Facilitator mehr Zeit in Anspruch nimmt als die Durchführung des Workshops selbst.

Im Gegensatz zum Meeting kommt häufig eine ausgefeiltere und ausführlichere Variante des Werkzeugs Vorschlagserarbeitung zum Einsatz, wie zum Beispiel Systematic Creative Thinking, Design Thinking oder Systematic Inventive Thinking. Während dieses Kreativprozesses werden in einem Workshop vom Facilitator normalerweise auch weitere Denkwerkzeuge eingesetzt, um das Denken der Teilnehmenden in den einzelnen Schritten des Prozesses der Vorschlagserarbeitung weiter zu stimulieren oder aber um den Prozess der Auswahl und Verdichtung von Ideen zu unterstützen.

Aufgrund der in der Regel vorliegenden höheren Komplexität des Themas des Workshops und der vielen Möglichkeiten, wie das Thema gelöst werden könnte, ist der Prozess der Vorschlagserarbeitung an sich aufwändiger und zeitintensiver als bei vielen Besprechungen. In Kapitel 10.6 zum Werkzeug Vorschlagserarbeitung zeigt sich bei Meetings die Möglichkeit, dass die Ausarbeitung eines konkreten Vorschlags in eine Kleingruppe ausgegliedert wird, die bis zum nächsten Termin einen Vorschlag vorbereitet. In einem Workshop findet dieser Prozess normalerweise gleich im Workshop selbst statt. Dabei arbeiten mehrere Kleingruppen parallel an unterschiedlichen Vorschlägen.

Die grundlegenden Prinzipien für gelungene Meetings gelten meiner Meinung nach genauso für Workshops, ebenso wie die Rollen guter Meetings. Ein Workshop wird letztlich oft eine Kombination hintereinander geschalteter Meeting-Werkzeuge sein, aus unterschiedlichen Ergebniskategorien, ganz nach den Erfordernissen des Themas.

Für die gelungene Moderation von Workshops sind die Anforderungen an den Moderator besonders hoch, auch deshalb, weil Workshops weniger standardisiert sind als Besprechungen. Die Leitlinien für die ideale Gruppengröße gelten auch für Workshops. Hier kommt es dann besonders häufig vor, dass die Gruppe sich nicht nur für die Vorschlagserarbeitung, sondern auch für weitere Teile des Workshops in Untergruppen aufteilt, um produktiver arbeiten zu können. Die Gesamtgruppe ist meist schlicht zu groß, um über längere Zeit gemeinsam konstruktiv zu arbeiten. In diesem Fall braucht es jedoch immer wieder Phasen der Synchronisation aller Teilnehmenden, damit alle im Bilde sind, was die Kleingruppen bislang erarbeitet haben. Zur Unterstützung der Kleingruppen empfiehlt sich meist auch ein eigener Moderator, der die jeweilige Kleingruppe methodisch unterstützt.

Virtuelle Workshops

Meine Erfahrung ist, dass virtuelle Workshops ähnlich gut funktionieren wie Workshops persönlich vor Ort. Physisch im gemeinsamen Raum gelingt das Zwischenmenschliche sicherlich meist leichter und einfacher als im virtuellen Kontext. Zudem haben die Gruppen gemeinsame Pausen, in denen weiterer Austausch und Netzwerken stattfindet. Diese Aspekte sind aber virtuell auch möglich, jedoch deutlich aufwändiger und müssen bewusst geplant und vorbereitet werden. Dies kann zum Beispiel in Form von bewusst geplanten gemeinsamen virtuellen Essen oder Kaffeepausen passieren oder durch gemeinsame Spaziergänge. Hier nehmen die Teilnehmenden zum Beispiel den Workshop auf dem Mobiltelefon mit und gehen gemeinsam (und gleichzeitig getrennt) eine Runde spazieren.

Dafür ist im virtuellen Kontext die eigentliche Arbeit an den Inhalten oft produktiver und methodisch leichter umzusetzen, den Möglichkeiten der virtuellen Whiteboards sei Dank. Arbeitsschritte, die in einem persönlichen Workshop gerne mal 20 Minuten Vorbereitung benötigen, sind im virtuellen Kontext in 10 Sekunden eingerichtet. Diese Effizienz macht sich dann auch im Workshop-Prozess bemerkbar.

Für virtuelle Workshops ist der Einsatz adäquater Software allerdings unerlässlich und erfolgskritisch. Aus meiner Erfahrung als externer Moderator oder Mitglied eines externen Moderatorenteams für Großveranstaltungen heraus kann ich Ihnen nur empfehlen, dass Sie hier keine Kompromisse eingehen sollten, indem Sie eine vermeintlich »sichere und freigegebene« Standard-Software nutzen. Diese kann meist nichts das, was Sie methodisch brauchen. Hier lohnt es sich, intensiver zu diskutieren und nach Alternativen zu suchen. Der Vorteil als Externer ist oft, dass die ganzen internen Vorschriften nicht mehr gelten, sobald Externe involviert sind. Dies macht es dann auch für die Kundschaft oft leichter, da wir die Software einfach vorgeben können.

Weitere Materialien

Sie finden zusätzliche Informationen zum Thema Meeting sowie die verschiedenen Spickzettel, Checklisten und weiteren Materialien des Buches zusätzlich zur Haufe-Webseite »Digitale Extras« auch auf der Website von creaffective, wo wir eine eigene Landing Page für dieses Buch eingerichtet haben:

https://www.creaffective.de/produkt/werkzeuge-fuer-grossartige-meetings

Stichwortverzeichnis

Über den Autor

Florian Rustler ist Gründer der creaffective GmbH, Berater, Buchautor und Vortragsredner. creaffective ist ein selbstorganisiertes Beratungsunternehmen und unterstützt Organisationen weltweit, Agilität und Innovation zu stärken und dabei Zusammenarbeit effektiv zu organisieren. Er berät Unternehmen weltweit zu den Themen Innovationskultur, Innovationsmanagement und dem Wandel hin zu einer sich dynamisch wandelnden Organisation, in welcher Menschen gerne und produktiv zusammenarbeiten. Außerdem leitet er Innovationsprojekte zur Entwicklung neuer Produkte, Dienstleistungen und Geschäftsmodelle. Zu seinen Schwerpunktthemen hat er weltweit unterschiedliche Ausbildungen absolviert und Zertifizierungen erworben.

Er ist Autor von fünf Büchern zum Thema Kreativität, Innovation und Agilität, unter anderem des Bestsellers »Denkwerkzeuge der Kreativität und Innovation«. Er schreibt regelmäßig Kolumnen für verschiedene Zeitschriften weltweit und ist Vortragsredner zu den Themen Kreativität und Innovation auf Konferenzen und Unternehmensveranstaltungen.

Er arbeitet mit Kunden weltweit auf Deutsch, English und Mandarin Chinesisch. Im August 2020 ist er mit Familie in Taiwans Hauptstadt Taipeh gezogen, wo er die meiste Zeit des Jahres verbringt. Gleichzeitig kommt er regelmäßig nach Deutschland, um die Kollegen zu sehen und mit Kunden zu arbeiten.